"创新设计思维"
数字媒体与艺术设计类新形态丛书

U0281464

Maya

三维动画 + 游戏建模 案例教程

全彩微课版

陈恒 编著

人民邮电出版社

北 京

图书在版编目（CIP）数据

Maya三维动画+游戏建模案例教程：全彩微课版 /
陈恒编著. -- 北京：人民邮电出版社，2024.1
（"创新设计思维"数字媒体与艺术设计类新形态丛
书）
ISBN 978-7-115-61868-9

Ⅰ．①M… Ⅱ．①陈… Ⅲ．①三维动画软件－教材
Ⅳ．①TP391.414

中国国家版本馆CIP数据核字(2023)第098547号

内 容 提 要

本书主要讲解 Maya 基础知识和中高级建模应用，并完成虚拟仿真模型、动画模型和游戏模型等
的制作，内容框架包括 Maya 概述、Maya 建模基础知识详解、主题案例分析和制作、课程作业参考、
练习等。

本书的案例包括食品包装建模、虚拟仿真分子生物建模、虚拟仿真植物建模、机械建模、动物角
色建模、游戏道具建模与贴图、游戏卡通人物建模、游戏角色贴图绘制、PBR 流程游戏模型制作等，
具有较强的实用性。本书案例难度的递进安排得当，适合零基础学生学习。

本书可作为高等院校数字媒体艺术、数字媒体技术、动画等专业的教材，也可供虚拟仿真、动画、
游戏领域的技术人员或 CG 爱好者阅读参考。

◆ 编　　著　陈　恒
　责任编辑　张　斌
　责任印制　王　郁　陈　犇

◆ 人民邮电出版社出版发行　　北京市丰台区成寿寺路 11 号
　邮编　100164　电子邮件　315@ptpress.com.cn
　网址　https://www.ptpress.com.cn
　优奇仕印刷河北有限公司印刷

◆ 开本：787×1092　1/16
　印张：13　　　　　　　　　　2024 年 1 月第 1 版
　字数：400 千字　　　　　　　2024 年 12 月河北第 3 次印刷

定价：79.80 元

读者服务热线：(010)81055256　印装质量热线：(010)81055316
反盗版热线：(010)81055315
广告经营许可证：京东市监广登字 20170147 号

　　"以学生为中心"的教学理念一直是高校教育中的重点。一切的教学方法、形式和实践，最终都要落实到学生的能力获得。教材编写的实质是一种将课堂教学纸质化的行为，学习者期待能达到的学习效果应是编写教材的目标。

　　三维建模是三维软件系列教学中的入门课程，是学习三维渲染、三维动画、三维特效等课程的必不可少的前置知识基础。同时，三维建模也是一项可自成体系并有足够专业深度和应用广度的技能，动画、游戏企业都设置了较多数量的建模岗位。因此，即使是三维建模的入门课程，也能让学习者获得较多的技能和较强的能力。

　　三维建模主要应用在影视动画和游戏领域，其中影视动画模型需要较多面数来尽量真实地表现物体的结构细节，而游戏模型因引擎即时交互的负荷限制则需尽量减少面数。这两者有不同的建模规范，所涉及的技术要求也不同。对应当前行业的建模岗位需求，本书设置了动画建模、游戏建模、虚拟仿真建模、次时代PBR流程建模等学习内容。全书涵盖了Maya基础知识和中高级应用，并设置了动物、车辆、游戏道具和角色等代表性形态的建模案例。零基础的读者通过循序渐进学习，可以完成具有一定挑战度的复杂模型作品。本书的难度递进和课时安排适宜高校教学，部分案例源自广东省一流本科课程"三维软件基础"的教学内容。国家一流专业建设点广东工业大学数字媒体艺术专业和数字媒体技术专业的历届同学参与了教学实践。

　　本书共11章，具体内容如下。

　　第1章为Maya概述，简述Maya的功能特点和应用领域等，同时为读者提供学习建议。

　　第2章为Maya建模基础知识，对软件界面和基础操作进行介绍，并对Polygons多边形建模和NURBS曲面建模进行详解。

　　第3章为食品包装建模案例，以西式快餐外包装为案例，利用多边形建模和曲面建模命令完成一些简单形态的建模，并重点讲解纸质片状结构的建模方法。

　　第4章为虚拟仿真分子生物建模案例，讲解原核细胞翻卷管道形态的建模技巧，同时锻炼读者查找资料、归纳外形特征的建模辅助能力。

　　第5章为虚拟仿真植物建模案例，讲解植物的建模技巧、采集豆角贴图并完成建模和UV拆分等操作。

　　第6章为机械建模案例，讲解玩具工程车的建模，主要介绍机械类建模的流程和布尔运算、规则复制等技术要点，同时培养读者进行前瞻分析的思考习惯。

　　第7章为动物角色建模案例，读者通过学习卡通小狗的建模，能够掌握生物自由形的建模技巧和布线规律。

　　第8章为游戏道具建模与贴图案例，通过游戏道具单手斧的建模与贴图，讲解游戏建模的流程和制作规范，以及金属和木头质感的绘制技巧。

　　第9章和第10章为游戏卡通人物建模与贴图绘制案例，通过医疗女战士的建模和贴图流程，讲解游戏角色模型的结构特点和布线规律，以及游戏角色模型UV拆分的方法，并讲解了皮肤、毛发、布料质感的绘制技巧。

第11章为PBR流程游戏模型制作案例，通过将一个男性头像高模拓扑为低模，并完成贴图烘焙和质感绘制的流程，介绍写实类人物角色的头部布线规则，以及利用Substance Painter进行烘焙和绘制质感的技巧。

希望本书既能满足读者的学习需求，又能解决读者在学习过程中遇到的实际问题。本书的构建思路可归纳为：有贴近实战的教学内容，有较高阶的专业技能，有适当的学习难度递进，有提升学习兴趣的成就感体验，有可自行解决困难的能力培养。

本书的特色如下。

（1）对标实战，教学内容接轨前沿技术和企业相关规范。

本书作者有多年的企业任职和学校教学经验，同时邀请了来自知名公司的技术美工人员加入编写团队。本书涵盖虚拟仿真、动画、游戏领域，针对建模岗位的新技术需求增添了PBR流程建模内容；案例尽量选用实际项目或者对标商用品质的项目，制作流程也遵循企业的相关规范。

（2）兼顾基础和进阶需求，教学效果经过实体教学验证。

本书的内容除了基础三维知识外，还增加了很多符合企业规范的中、高级应用实例。本书中的大部分案例都在教学中实践过并进行了优化修正，初学者可顺利完成较高质量的建模作品。

（3）用同一软件学习动画模型制作、游戏建模和贴图，节省学习成本。

当前市面上常见的教材大多用Maya进行动画模型制作，用3ds Max进行游戏制作，不同软件的学习给读者增加了学习成本，也带来了很多困扰。本书用Maya完成动画模型、手绘贴图游戏模型和次世代游戏模型的制作，读者不需要再耗费额外的时间和精力学习新的三维软件，能有效降低学习成本，而且单一软件的教学也适合课时有限的实体课程。

（4）配套案例源文件和教学演示视频，有助于读者自学。

本书的配套资源有带制作步骤的Maya源文件、贴图、参考素材、历届学生作业和教学演示视频。读者可根据源文件进行逆向工程分析学习，并可配合教学演示视频进行案例练习，也可参考历届学生作业进行学以致用的新创作。

一些就职于知名游戏公司的同学和在校同学参与了本书相关工作，他们是施培国、黄云龙、李沐歌、吴佳莉、吕新、卢晨星、金妍希、马景鹏、刘梓铭，陈靖中、曾锐等；此外还有何振坤、蒋林庚、梁汉明、严耿涛、诸宸瑜、何卓盈、杜倩怡、周铭贤、蒋欣悦、林建英、廖聪、曹泰浩、刘博运、方钟胜、陈梓桦、黄小钰、谢思杰、傅文昭、唐笠停、杨婉莹、彩来宝、陈鸿皓、王朝阳等同学提供了课程作品图片，在此一并致谢。同时也感谢参与本书实体教学实践的历届班级。

从某种意义上看，本书也是作者三维建模课程十余年教学经验的体现和总结。由于作者水平有限，书中难免存在不足之处，恳请读者批评指正。

作者
2023年8月

目录

第4章

虚拟仿真分子生物建模案例：原核细胞

第5章

虚拟仿真植物建模案例：豆角

第6章

机械建模案例：压路机玩具车

第7章

动物角色建模案例：卡通小狗

第8章

游戏道具建模与
贴图案例：单手斧

第9章

游戏卡通人物建模
案例：医疗女战士

第10章

游戏角色贴图绘制
案例：医疗女战士

第11章
PBR 流程游戏模型制作案例：男性头像

第 1 章 | Maya概述

随着综合国力和国家信息文化水平的提升，数字娱乐产业以其高创新、高科技、高应用等特性，在新兴文化产业价值链中得到快速增长并广泛影响移动互联网、游戏、动画、影音等领域。大部分数字娱乐产品的制作都需要借助于三维软件：先用三维软件构建一个个虚拟的立体模型，再赋予其材质、动作、特效，最后渲染成影视动画视频或者导入引擎编辑输出为数字游戏。

Maya是经典的三维软件，提供建模、渲染、动画、特效等功能，视频设计师使用Maya能自由做出想要的视觉效果。本章主要介绍Maya的应用领域、建模在三维制作流程中的作用以及一些初学三维软件的建议。

本章要点：
- Maya的应用领域。
- 影视动画和游戏制作的生产流程及建模的作用。
- 三维软件的学习建议。

1.1 Maya的应用领域

当前最具代表性的三维软件有Maya和3ds Max。3ds Max属于堆栈式软件，擅长完成模块化的应用，在国内常用于建筑效果展示和游戏制作领域。Maya属于节点式软件，具有更强的自由扩展性，可胜任各应用领域中的复杂造型、动画和VFX特效制作。

美国Alias Wavefront公司在1998年推出Maya 1.0，而后不断开发新功能及更新软件版本；美国Autodesk公司在2005年并购了Alias公司并对Maya进行持续改良，在2022年推出Maya 2023。

Maya包括模型、渲染、特效、绑定和动画等模块，可实现精细的生物和机械建模、写实的材质和渲染、逼真的肌肉绑定和动画动作，以及毛发、布料、水、火等特效，因此Maya一直是影视制作领域使用率很高的三维软件。Maya问世的20多年间，参与过多部脍炙人口的影片的制作，代表影片有复仇者联盟系列、X战警系列、变形金刚系列、星球大战系列、指环王系列、《流浪地球》（见图1-1）及《捉妖记》（见图1-2）等。

图1-1

图1-2

动画片也是Maya的主要应用领域，主要参与制作的动画电影有《冰雪奇缘》《疯狂动物城》、冰河世纪系列、功夫熊猫系列，以及《哪吒之魔童降世》《大圣归来》《白蛇：缘起》（见图1-3）、《新神榜：杨戬》（见图1-4）和《长安三万里》等；动画系列电视剧有《熊出没》《猪猪侠》等。

图1-3　　　　　　　　　　　　　　　　　　　　　图1-4

同时Maya也广泛应用于电视特效、栏目包装、影视广告等领域，如天崩地裂、光粒飞扬等效果都可用Maya实现。

近年来，Maya逐渐成为游戏开发公司使用的主流软件之一。利用Maya完成项目的创建，然后将模型和动画导出为OBJ或FBX格式的文件，可以在3ds Max、C4D、Blender等三维软件中使用这些文件，也可以将这些文件导入Unreal、Unity等游戏引擎进行工作。

1.2 建模在生产流程中的作用

建模在影视动画和游戏的生产流程中都居于靠前的阶段。影视动画项目在立项后，通常会经历剧本设计、分镜设计、概念设计、建模、材质贴图、蒙皮绑定、动画制作、灯光渲染、后期合成等生产流程。游戏的生产流程包括策划、概念设计、贴图、蒙皮绑定、动画制作、特效制作、引擎关卡设计、程序测试等环节。无论是影视动画模型还是游戏模型，都要根据概念设计的原画进行建模，整体风格服从于项目需求。

建模是整个三维工作的基础，只有模型完成后，后续的贴图、动画制作、渲染或引擎关卡设计等工作才能顺利开展。模型创建时要进行前瞻性思考，根据应用需要进行详略取舍安排。若角色模型有动作需求，则建模时不仅要造型准确、合理，还需要布线符合角色的运动规律。有动作应用的机械道具如车辆、机器等，枢轴结构要相对独立，方便各部位进行旋转或推拉运动。

模型制作完成后需要把UV平摊开，以方便绘制贴图。Maya自带的UV编辑器整合了Unfold 3D的功能，能够胜任大部分模型的UV拆分工作。影视动画模型的基础贴图需绘制，但材质和毛发特效常用程序节点计算拟真，最终效果通过离线渲染完成。游戏模型是实时渲染，材质和毛发使用Photoshop或BodyPaint 3D软件绘制贴图来表现，如次世代游戏模型可用Substance Painter绘制贴图。

1.3 三维软件的学习建议

"工欲善其事，必先利其器。"选择合适的计算机设备不仅有助于我们学习三维软件，而且可以有效安排资金分配。计算机的升级换代很快，普通计算机的性能足够媲美数年前的专业工作站，因此个人学习Maya用带独立显卡的入门级计算机即可，若预算充足，则也可以买中高档配置的计算机。台式机优先于笔记本电脑，因为台式机的显示器更大，更方便制图，而且同等价位的台式机硬件配置也更好。同时强烈建议使用双屏幕，可边看教程学习边操作，有助于提高学习效率。如有绘图的需要，则可以再买一个手绘板。

无论是文科专业、理科专业还是艺术专业的学生，都可以学习三维软件。如果制作的是不需要绘制贴图的机械类、医学类产品模型，则可以不需要美术基础，非艺术类专业学生也可以胜任。若欲从事传统的低模+贴图绘制类游戏制作，则需要有较高的CG绘图表现能力，也就是需要具有良好的绘画造型基础。如果想从事次时代游戏制作，则对手绘能力要求不高，可通过Substance Painter软件自带的各种材质做出精美的贴图效果。程序设计人员学习三维建模，可以与美术人员进行更深层次的专业沟通；同时若自身具有修改或者自制模型的能力，则能够摆脱素材依赖，有更大的创作空间。

在学习三维软件时，保持跃跃欲试的初心非常重要。教材中枯燥冗长的基础知识可以暂时抛下不管，先快速完成一个案例作品来体验成就感，培养对软件的好感度。等完成一两个案例后再去学习基础知识，结合实践经验来体会各个基本工具的功能，感触会更深刻。建议初学者跟着课程进行入门学习，课程教学中对知识进行归类并筛选出难度合适的案例，有助于学习者系统、循序渐进地学习。入门教材最好选择有教学演示视频的，以降低学习难度。在对软件框架有了基础认识之后，在网上看教程会成为后期学习的主要途径。

三维软件主要分为建模、渲染、动画、特效四大技术模块。在实际工作中，只要精通一个模块就可胜任相应的工作岗位，很少有人擅长所有模块。学习需要时间和精力成本，初学者尽量采用"减法"原则，集中精力优先学好一个模块，以便尽快做出较高质量的作品，提升信心。如果一开始对各模块都浅尝辄止，则可能对很多知识都一知半解，也做不出有质量的作品，枯燥期过长会影响学习热情。待单模块知识积累到一定程度后，再顺其自然拓展学习其他模块，最后选择主攻方向。初学者若以就业为目的进行学习，则可根据一些知名公司的历年实习生测试题来进行作品准备，或者上专业论坛参考企业规范去做作品。不建议初学者先做综合性强的动画项目，因为动画不仅耗费时间，而且需学习的模块太多，任何一个模块有短板都会严重影响动画的质量。

一些知名公司会对新入职的美术人员进行全流程培训：在精通本职岗位技能的基础上对原画设计、模型贴图、装配绑定、动画调节、特效制作、引擎测试等全流程环节进行学习和操作，了解各部门的技术特点以便未来更好地沟通合作。技术美术岗位的美术人员通常要有较好的全流程技术基础，能解决美术制作环节中出现的问题。但选拔技术美术人员的核心标准并不是技术全面，而是要有较强的自学能力和自主解决问题的能力。

学习三维软件是一项需长期投入精力的工程，热爱是坚持的源泉。

1.4　思考与练习

（1）根据Maya应用领域的知识，谈谈有哪些电影、动画、广告或者游戏在制作过程中使用了Maya，并列举三款作品。

（2）影视动画和游戏的生产流程分别有哪些环节？

（3）浏览知名公司的网上招聘启事，简述游戏美术岗位和技术美术岗位有哪些具体的专业技能要求。

Maya的建模方式主要有Polygons多边形建模和NURBS曲面建模。

多边形模型包含顶点（Vertex）、边（Edge）、面（Face）三个子对象组件，对点、边、面进行增减、位移和挤出拓扑可以创建出复杂造型。多边形建模也是各款三维软件的主流建模方式，常用于影视制作、游戏制作、产品展示等领域。

NURBS曲面建模主要通过编辑曲线来生成或者控制曲面，能用较少的点做出圆滑的体表。曲面建模擅长快速构建流线型物体，多用于工业造型建模领域，也常和多边形建模配合搭建影视动画模型。

本章主要讲解Maya界面和Maya的基础操作，并对Polygons多边形建模和NURBS曲面建模的相应菜单进行详解。

本章要点

- Maya的基础操作。
- Polygons多边形建模菜单。
- NURBS曲面建模菜单。

2.1　Maya界面

Maya的默认界面由菜单栏、状态栏、模块切换区、工具架、工作区、视图切换区、工具箱、动画控制区、命令行与帮助栏、通道盒、层编辑器等部分构成。Maya历代版本的界面区别不大，图2-1所示为Maya 2022的界面。本书也以Maya 2022为主进行介绍。

图2-1

2.1.1　Maya默认界面构成

（1）菜单栏

菜单栏分为固定公共菜单和专属模块菜单两部分。左边的"文件""编辑""创建""选择""修改""显示"和"窗口"7个菜单是固定不变的公共菜单，右边的其他菜单会根据当前操作模块而相应改变，如图2-2所示。

文件　编辑　创建　选择　修改　显示　窗口　网格　编辑网格　网格工具　网格显示　曲线　曲面　变形　UV　生成　缓存　Arnold　帮助

图2-2

（2）状态栏

状态栏（Status）主要用于显示切换选择层级、捕捉、对位、快速渲染等操作的状态，如图2-3所示。

图2-3

（3）模块切换区

状态栏的最左侧是模块切换区，单击下拉小箭头可以切换成建模、绑定、动画、FX（特效）、渲染等模块，每个模块都有自己对应的专属菜单，可以根据工作需要进行切换，如图2-4所示。也可对模块进行自定义编辑，如图2-5所示。

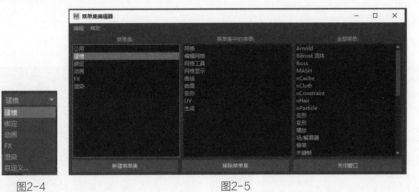

图2-4　　　　　　　　　　　　　　　　图2-5

（4）工具架

工具架上的按钮是菜单栏中一些常用命令的快捷方式，如图2-6所示。单击按钮，软件会以默认参数进行工作；双击按钮可以激活工具的选项窗口，方便用户编辑工具参数。工具架上的按钮也可以根据工作需要由用户自行设定。

图2-6

（5）工作区

常规工作区包含透视图、顶视图、侧视图、正视图等多角度视图窗口，是作图的主要区域。每个视图的上方都有对应的视图菜单和快捷按钮，可以根据需要来选择显示模式，如图2-7所示。按"Alt+B"组合键可以更改视图的背景色，方便观察模型。

（6）工具箱

工具箱包含选择、移动、旋转、缩放等基础操作工具，工作时常用快捷键进行切换，如图2-8所示。当用不同的工具选取物体时，物体的中心点会出现不同的操纵图标，用"+"或"-"键可以调整操纵图标的大小，如图2-9所示。

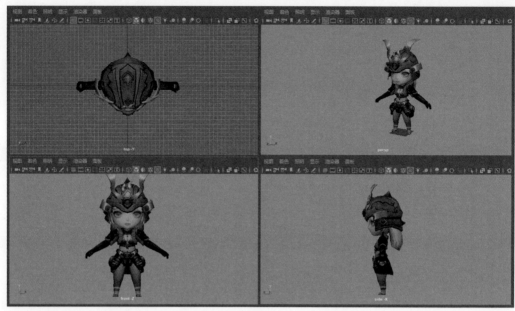

图2-7

（7）视图切换区

工具箱的下方有多组常用视图模式按钮，单击可以切换成相应模式，如图2-10所示。在当前操作视图中按空格键可最大化该视图窗口，再次按空格键将恢复原状。在任意视图上方的菜单栏中执行"面板>正交>新建"命令，如图2-11所示，可把当前视图切换为不同角度的视图。

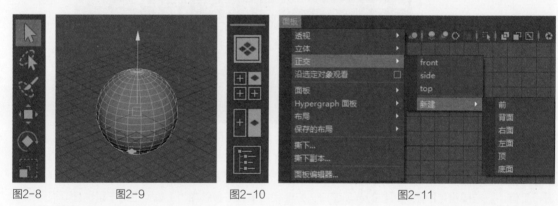

图2-8　　　　　图2-9　　　　　图2-10　　　　　　　图2-11

（8）动画控制区

动画控制区由时间行、范围栏和动画播放控制器构成，是播放动画和设置帧数的区域，如图2-12所示。

图2-12

（9）命令行与帮助栏

左侧的命令行主要用于输入或编辑Maya的MEL脚本命令；右侧的命令行会显示用户当前操作的反馈信息，若操作因出现错误而无法执行，则反馈信息将以红色字幕的方式提醒用户。

帮助栏对鼠标指针指示的位置或对象进行简单说明，向用户提供帮助，如图2-13所示。

图2-13

（10）通道盒

通道盒是设置物体的基本属性及调整位移、旋转、缩放、可见性、历史记录参数等的区域。选择物体后，可以直接在文本框中输入数值，也可以单击选项文字后，按住鼠标中键在工作区拖动鼠标来改变数值的大小。在"可见性"一栏中输入数字"0"或"1"，右侧方框中会分别显示"禁用"或"启用"，被选择的物体将处于隐藏或显示状态。通道盒下方的"输入"栏记录物体的操作历史，而且可以调整每一次操作的具体数据。例如，新建一个立方体时，选择"输入"栏的"polyCube1"命令可展开立方体的创建属性窗口，以调整物体高度、宽度、深度的具体数值和细分度，如图2-14所示。

（11）层编辑器

层分为显示、动画两种模式，方便用户归类操作。单击层编辑器右上方的按钮可以创建新层及调整层的上下次序；选择物体后，在层的名称上单击鼠标右键可激活层操作窗口并将物体加入该层。图2-15所示是层显示和选取模式的操作：左边的"V"代表该层物体可视，去掉"V"代表隐藏该层物体；后面的"T"代表该层物体处于不可编辑的线框显示模式，"R"代表该层物体处于不可编辑的实体显示模式，空白时代表该层物体可以正常编辑。

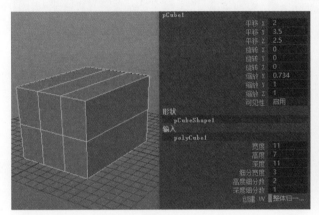

图2-14

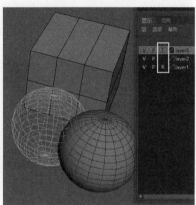

图2-15

2.1.2 Maya设置恢复

（1）恢复界面

工作时常会不小心关掉或移动一些窗口，此时需要恢复到原来的界面。例如，在菜单栏的"窗口>工厂工作区"子菜单中选择"Maya经典"窗口，如图2-16所示，并将其重置为出厂默认值，如图2-17所示。此时界面恢复为出厂默认值，但其他的用户自定义设置并不会改变。

图2-16

图2-17

（2）恢复初始默认设置

若想将Maya的所有设置都恢复到刚安装好时的初始默认状态，则可以在软件外设置。先关闭Maya，打开C:\Documents and Settings\My Documents（我的文档）\Maya\2022（当前版本）\zh_CN文件夹，将其中的prefs文件夹删去即可。再次启动Maya时会出现欢迎界面，单击"使用默认首选项"按钮（见图2-18），可恢复初始默认设置；单击"选择要复制的首选项"按钮，会出现自定义菜单设置界面，让用户自行设置要恢复的首选项，如图2-19所示。

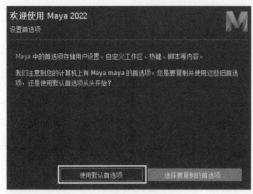

图2-18

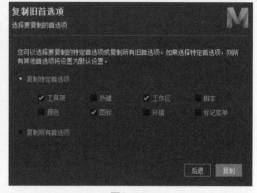

图2-19

2.2　Maya的基础操作

三维软件的操作较复杂，需选用带有左键、中键（或滑轮）、右键的三键鼠标，而且通常要配合键盘来完成。

Maya常用的操作有创建物体、显示物体、选择物体、缩放物体、移动物体、编辑物体轴心、复制物体、导入参考图、创建工程目录、渲染等，大多数建模创作都需要这些操作。

（1）物体与视图的基本操作

物体的基本操作可以用工具箱中的相应工具来实现，也可以按快捷键来实现。选择物体的快捷键是"Q"，移动物体的快捷键是"W"，旋转物体的快捷键是"E"，缩放物体的快捷键是"R"。视图操作则需要"Alt"键与鼠标配合来实现，如移动视图是"Alt+鼠标中键"，旋转视图是"Alt+鼠标左键"，缩放视图是"Alt+鼠标右键"或滚动鼠标中键滑轮。

（2）创建基本物体

单击工具架上的快捷按钮可以创建物体，也可以利用"创建"主菜单中的命令来创建所需的基本物体。在通道盒中可以编辑物体的位置、比例、大小、细分等各种初始数值。

（3）物体的实时显示模式

数字"1"代表默认的低质量显示；数字"2"代表中质量显示，如果是多边形物体，则同时显示线框形态的原物体和该物体圆滑后的实体形态；数字"3"代表高质量显示，如果是多边形物体，则呈圆滑后的实体形态；数字"4"代表线框模式显示；数字"5"代表实体显示；数字"6"代表材质显示；数字"7"代表灯光显示。

（4）常规的编辑操作

在选择物体时，按住"Shift"键可以加选物体，按住"Ctrl"键可以减选物体。按"Ctrl+Z"组合键可以连续撤销操作，按"Shift+Z"组合键可以连续恢复被撤销的操作。

若要修改物体形状，则用鼠标右键单击物体可以进入"按组件类型选择"的点、线、面编辑模式，执行"选择"命令进入"按对象类型选择"的物体编辑模式。图2-20所示是多边形物体的快捷菜单，图2-21所示是NUBRS曲面的快捷菜单。

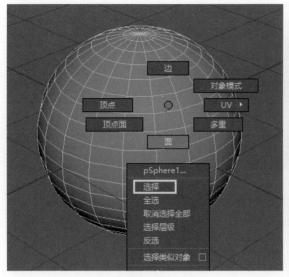
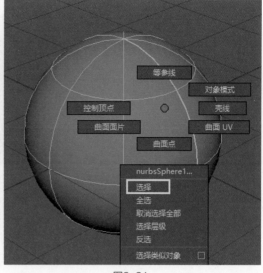

图2-20 图2-21

（5）移动物体的轴心点

物体的轴心点默认位于物体的重心。在实际应用中，通常需要修改物体的轴心位置，以便旋转、缩放和镜像复制物体。用移动工具选择物体后，按"Insert"键进入轴心编辑状态，此时移动图标会变成没有箭头方向的空间图标，如图2-22所示；将物体移动到所需的位置后再次按"Insert"键结束编辑，图标又恢复到原来的状态，物体轴心位置编辑完成，如图2-23所示。若想再将轴心改回重心位置，则执行"修改>中心枢轴"命令即可。此外，也可按住"D"键不放进行轴心编辑。

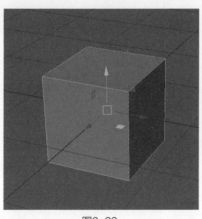
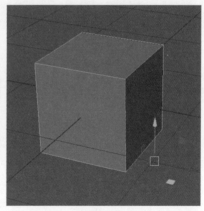

图2-22 图2-23

（6）复制物体

常规复制的快捷键是"Ctrl+D"组合键，如需进行复杂的功能复制，则执行主菜单中的"编辑>特殊复制"命令，然后进行属性设置，如图2-24所示。例如，在制作左右对称模型时，通常只调整一边的形状，另一边用特殊复制命令生成。在设置时选中"实例"选项，这样在修改其中一边的形状时，另一边的形状也会发生相同的变化。在"缩放"一栏的数字前面添加"-"号，意味着在该轴向进行镜像对称复制，如图2-25所示。（小贴士：Maya所有窗口中如果有3列数据填充项，则默认依次对应x、y、z轴向）

（7）导入和编辑参考图片

在制作复杂模型时，通常需要导入参考图来进行具体的定位。激活所需视图，执行"视图>图像平面>导入图像"命令，可以把图片导入软件，如图2-26所示。（小贴士：在正视图、顶视图和侧视图中导入的图片一般作为参考图，在渲染时不会出现；在透视图中导入的图片一般作为背景图，会被渲染出来）

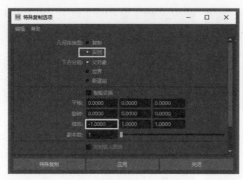
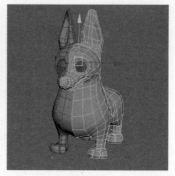

图2-24   图2-25

建议最好在Photoshop中先把参考的三视图大小修改好（将顶视图、正视图、侧视图半透明叠加，将参考物体居中，且长、宽、高一致），这样在将图像导入Maya后可以直接进行工作。如果需要调整导入的图片，则先在透视图中激活该图片，打开通道盒中的"imagePlane3"拓展窗口调整图片的位移和大小，如图2-27所示。参考图导入后，一般放在一个新层里，方便冻结或隐藏。

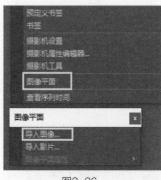

图2-26   图2-27

（8）建立工程目录

通常每个项目都有单独的工程目录，相关的模型、贴图、渲染文件都收集在工程目录中，以便存储和再次应用。执行"文件>项目窗口"命令，打开"项目窗口"窗口，在"当前项目"文本框中设置当前项目的名称，在"位置"文本框中指定项目的存储路径，窗口下方会自动建立默认的一系列对应各分类文件的文件夹，如图2-28所示。（注意：工程目录的名称和路径不能有中文，否则易产生读取错误）

指定工程目录：执行菜单"文件>设置项目"命令，指定已有的工程目录文件夹即可，如图2-29所示。

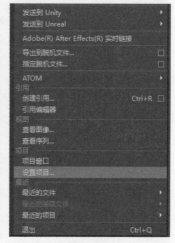

图2-28   图2-29

（9）物体的常规渲染

执行"窗口>渲染编辑器>渲染设置"命令，可在"渲染设置"窗口中进行渲染的相关设置。把渲染器设置为"Maya软件"，在"公用"选项卡中的"图像大小"栏中设置渲染的尺寸，如图2-30所示。在"Maya 软件"选项卡中的"抗锯齿质量"栏中选择"质量"为"产品级质量"，渲染设置完成，如图2-31所示。执行"窗口>渲染编辑器>渲染视图"命令即可进行渲染，也可以单击工具架上的"渲染当前帧"按钮进行渲染。

图2-30

图2-31

如果想改变渲染的底色，则执行"视图>摄像机属性编辑器"命令，在"环境"栏中调整"背景色"的颜色；也可以在"图像平面"中导入一幅图片作为背景图。图2-32和图2-33所示分别为改变渲染底色的设置和软件渲染效果图。

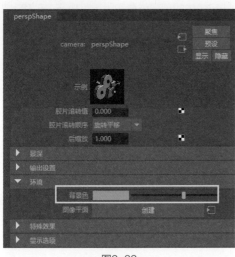

图2-32

图2-33

（10）Arnold（阿诺德）渲染

Arnold（阿诺德）渲染有强大的全局光渲染功能，让物体暗部不再是一团黑色，而能显示出更多的层次。Arnold渲染一般用专属灯光配合渲染，执行"Arnold>Lights"命令，创建"Skydome Light"灯光（天穹灯，模拟室内全局光）或"Physical Sky"灯光（模拟室外的物体天光）；然后调整渲染设置，把渲染器设置为"Arnold Renderer"，在"Arnold Renderer"选项卡中把"Camera(AA)"摄像机的采样数值设置为5，提高渲染精度。最后执行"Arnold >Render"命令，打开专用渲染器进行渲染。参数设置和渲染效果分别如图2-34和图2-35所示。

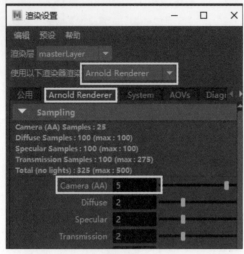

图2-34

图2-35

2.3 常用的用户自定义设置

在实际应用中，用户通常会使用符合自己工作习惯的自定义设置。根据作者在工作和教学中的体验，以下一些自定义设置对用户帮助较大。

（1）交互式创建

默认的物体创建都从世界坐标的（0,0）点开始，但这样在创建多个物体时，它们会重叠在一起不易选取。用户可以把创建模式改为交互式创建，这样可自由决定物体的创建位置和大小。执行"创建>NURBS基本体"命令，如图2-36所示，勾选"交互式创建"选项即可完成曲面物体交互式创建设置，如图2-37所示。多边形基本体也可用同样的方法进行交互式创建设置。

图2-36   图2-37

（2）自定义工具架

为了工作方便，通常会把一些高频使用的工具或命令自定义在工具架上。例如，要在工具架中添加插入循环边的命令，可按住"Ctrl+Shift"组合键并执行"网格工具>插入循环边"命令，此时在工具架上会出现图2-38所示的快捷按钮。用鼠标右键单击"插入循环边"按钮，可将其从工具架上移除。常用的建模自定义命令有插入循环边、背面消隐等。

图2-38

（3）软选择的开启和关闭

"软选择"模式启动后，以所选取的点线面为中心，会形成一个向外围渐次衰减影响强度的选择区域，如图2-39所示。编辑较多面数的模型常用"软选择"模式进行选取，以保持形状调整时有一定的平缓度。按"B"键可以开启/闭合软选择功能；双击工具箱中的选择、移动或缩放按钮激活"工具设置"窗口，勾选"软选择"选项也可以开启该功能，如图2-40所示。

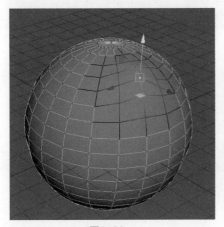

图2-39

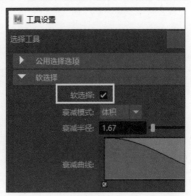

图2-40

（4）多边形的面中心显示模式

面中心显示模式可以让多边形的面中心显示一个小方块：执行"窗口>设置/首选项>首选项"命令，打开"首选项"窗口，左侧单击"选择"选项，在右侧的"多边形选择"栏中设置"选择面的方式"为"中心"，如图2-41所示。这个设置对初学者帮助很大，可以检查物体在进行挤出操作时是否有重叠面。图2-42所示的两个正方体模型虽然外形一样，但通过面中心显示模式可以发现左上方的正方体多了一层面结构。

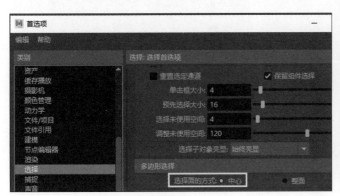

图2-41

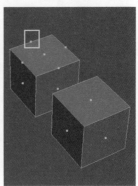

图2-42

（5）物体的着色线框显示和X射线显示

建模时经常需要观察物体的布线情况。在当前视图的"着色"菜单中勾选"着色对象上的线框"选项，如图2-43所示，可让模型在没有被选取的状态下也能显示布线情况，如图2-44所示。"X射线显示"选项通常在有背景参考图时应用，它会让物体半透明化，以便观察背景图。

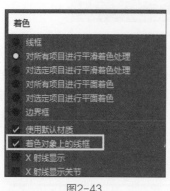

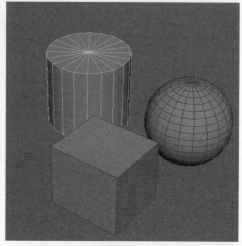

图2-43　　　　　　　　　　　　　　　　图2-44

2.4　Polygons多边形建模知识

多边形建模的原理是利用三角面或四角面的有规律拼接来构成模型。多边形建模通过合理的拓扑，可自由建造出各种造型，尤其擅长人物、怪物等复杂模型的建造。为了方便动画制作和UV编辑，多边形建模时应尽量保持四角面，布线要均匀、流畅，避免出现断线。同时在保证造型效果的基础上，面数不宜过多，以免增加模型的数据量。图2-45和图2-46所示是动画专业的同学用多边形建模完成的作品。

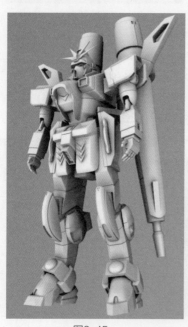

图2-45　　　　　　　　　　　　　　　　图2-46

多边形建模的命令主要位于"网格""编辑网格""网格工具""网格显示"4个菜单中，下面选取实际应用中高频出现的工具或命令进行介绍。

2.4.1 "网格"菜单中的常用命令

"网格"菜单中的命令主要用于进行多个模型对象的编辑操作。

（1）布尔

两个独立的模型可通过"布尔"命令组合成为一个新造型的模型。布尔命令包括并集、差集和交集三种命令：两个物体相加为并集，相减为差集，只保留重叠的部分为交集。图2-47所示为两个相互独立的物体，图2-48所示为两个物体分别在并集、差集、交集状态下的效果。

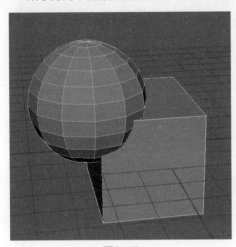

图2-47

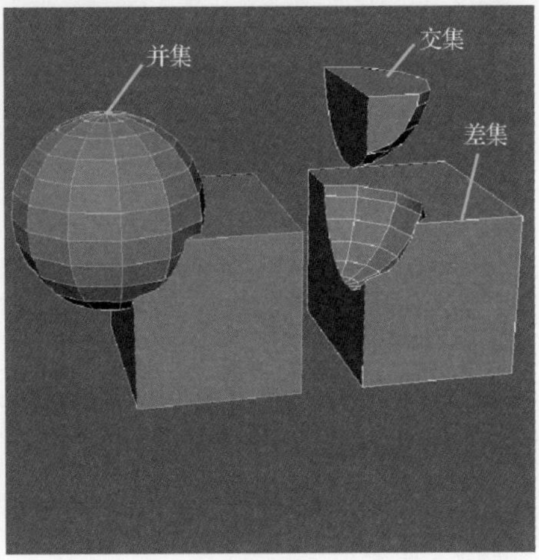

图2-48

（2）结合、分离

"结合"命令用于把多个不同的物体结合为一个物体。两个不同的多边形物体之间是不能进行焊接点操作的，但结合为同一物体后，就可以进行焊接点操作，如图2-49所示。"结合"命令和"布尔"命令中的"并集"命令的区别是：结合物体的子物体结构是完整的；并集是把两个子物体的结构焊接在一起，在两个物体的接触处有结构线，如图2-50所示。

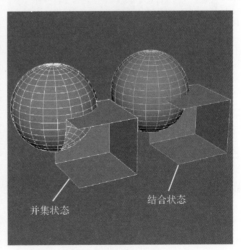

图2-49

图2-50

"分离"命令是"合并"命令的逆操作，把合并在一起的多个子物体分离为相互独立的物体。

（3）平滑

模型在完成基本大结构后，通常要进行平滑操作以确定最后的造型。平滑后的模型面数会大幅增多，但表面造型不再有硬棱角，结构过渡平缓圆滑。平滑是在当前模型面数的基础上进行细分，因此外表一致的模型根据面数和布线位置的不同，平滑后的效果也各不相同，如图2-51和图2-52所示。按数字键"3"可以直接预览平滑后的效果。

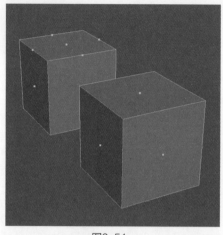

图2-51

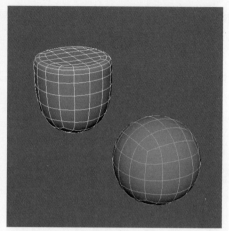

图2-52

（4）镜像

在制作好一半的模型后，可以用"镜像"命令把另外一半模型镜像复制出来，并自动焊接好中间的接点，如图2-53和图2-54所示。"镜像"命令等同于"镜像复制"+"合并中间点"命令的效果。（小贴士：如果模型过小，则执行"镜像"命令时会把相邻的点也合并在一起，为了避免这种情况，可以把模型放大后再执行"镜像"命令）

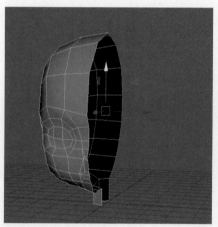

图2-53

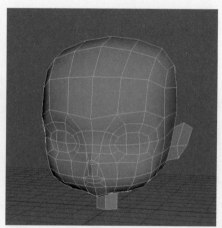

图2-54

2.4.2 "编辑网格"菜单中的常用命令

"编辑网格"菜单中的命令主要用于进行单个物体内部点、边、面组件的编辑操作。

（1）添加分段

"添加分段"命令用于对选择的面进行U向和V向的自由分段，如图2-55和图2-56所示。

（2）倒角

"倒角"命令用于将物体的边缘圆角化，设置相关参数可以控制圆角的大小和细分段数，如图2-57和图2-58所示。选择相邻的边后应同时执行"倒角"命令，若是分别进行倒角，则难以达到倒角形状一致的效果。

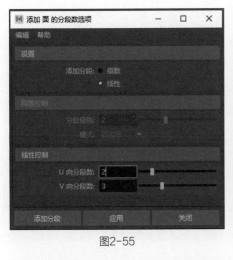

图2-55

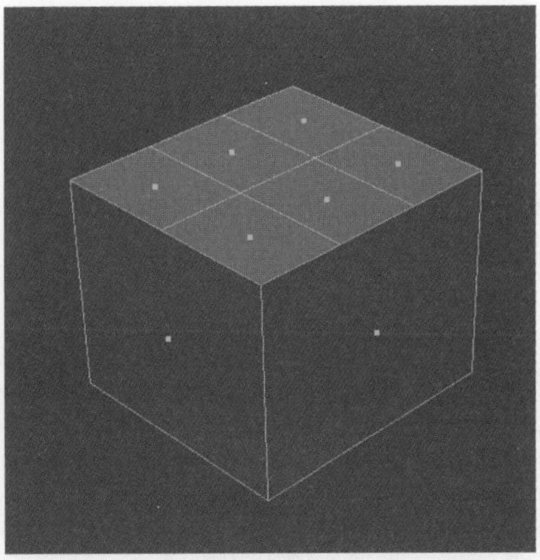

图2-56

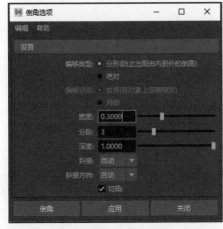

图2-57

图2-58

（3）圆形圆角

"圆形圆角"命令用于把选中的面变为圆形，在制作角色的眼眶时很好用，如图2-59和图2-60所示。

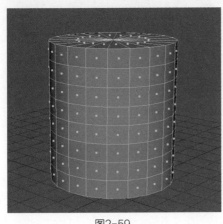

图2-59

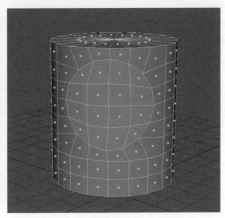

图2-60

（4）分离

"分离"命令用于把选择的线或点拆开，如图2-61和图2-62所示。（小贴士：执行"编辑网格>分离"命令和"网格>分离"命令是不一样的，后者是把组合在一起的多个子对象逐一分开）

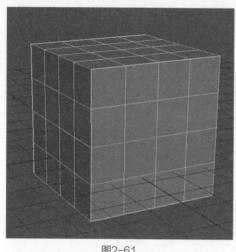

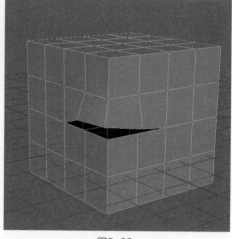

图2-61   图2-62

（5）挤出

"挤出"命令是多边形建模的核心命令，用于对面和边进行挤出操作，从而塑造出各种造型。挤出时可以沿物体表面的法线方向挤出，也可以按世界坐标轴方向挤出，单击带小杆的圆圈可以切换这两种挤出模式。执行"挤出"命令之后，原物体表面会多出一层面，但原物体外形并不会改变，用移动或缩放工具进行拖动才会显示这层面。初学者常容易无意中挤出多个面而未发觉，以致后面操作时出错。挤出操作完成后会弹出一个选项对话框，"保持面的连接性"选项如果启用，则挤出的面会结合为一个整体面，面与面之间没有间隔，如图2-63所示；"保持面的连接性"选项如果禁用，则挤出的每一个面都呈分散状态，相互之间有间隔，如图2-64所示。

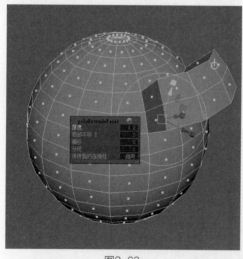

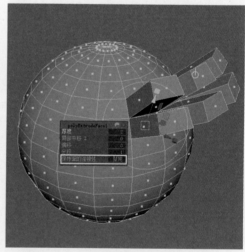

图2-63   图2-64

（6）合并

"合并"命令用于把选择的点或线合并到一起，是使用率非常高的命令。将两个镜像对称的物体结合为一个物体后，常执行"编辑网格>合并"命令把物体中缝重叠的点合并在一起。该命令只对同一个物体有效果，如果是不同的两个物体，则需要先执行"网格>结合"命令将两个物体组合为同一个物体，图2-65所示为点合并前的状态，图2-66所示为点合并后的状态。

（7）复制、提取

"复制"命令用于复制选择的面，原来的物体不受影响，如图2-67所示。"提取"命令用于把选择的面从原来的物体中分离出来，如图2-68所示。

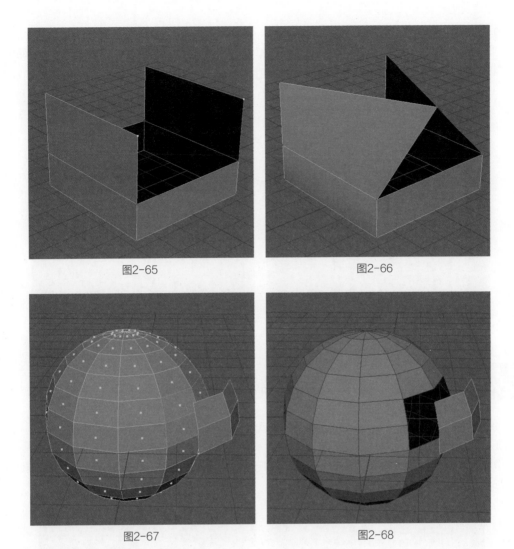

图2-65

图2-66

图2-67

图2-68

（8）切角顶点、刺破

"切角顶点"命令用于把选择的点替换为一个平坦的多边形面，如图2-69所示。"刺破"命令用于插入中心顶点以分割面，如图2-70所示。

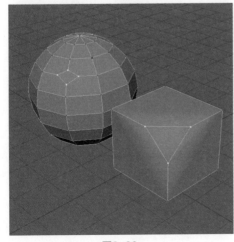

图2-69

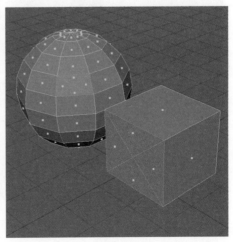

图2-70

（9）楔形

用鼠标右键单击物体，选择"多重"模式，如图2-71所示，按住"Shift"键选择一条边和相邻的面，执行"楔形"命令，可楔入弧形面，如图2-72所示。

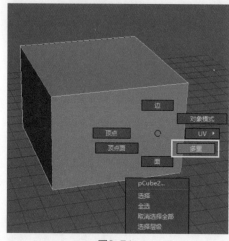

图2-71

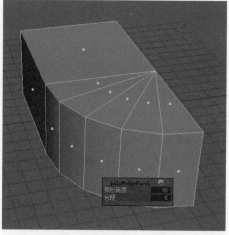

图2-72

2.4.3 "网格工具"菜单中的常用命令

"网格工具"菜单中的命令主要用于对单个模型进行加线、加面、挖洞等塑形编辑操作。

（1）附加到多边形

"附加到多边形"命令用于在多边形的边缘增加一个面，常用于连接两个相对的边，使其形成面，如图2-73和图2-74所示。

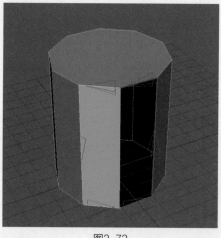

图2-73

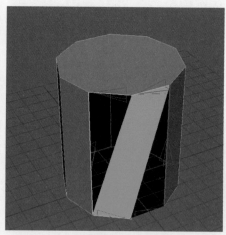

图2-74

（2）创建多边形

"创建多边形"命令用于建立自由形状的平面图形，按"Enter"键确定操作。图2-75、图2-76所示是创建人形平面及在此基础上执行"挤出"命令后的效果。

（3）多切割

"多切割"是多边形建模的重要命令，用于将面自由分割为各种形状，如图2-77所示。 按住"Shift"键，执行"多切割"命令，在物体外画一条直线，物体会沿着切线轨迹创建一条直线，如图2-78所示。

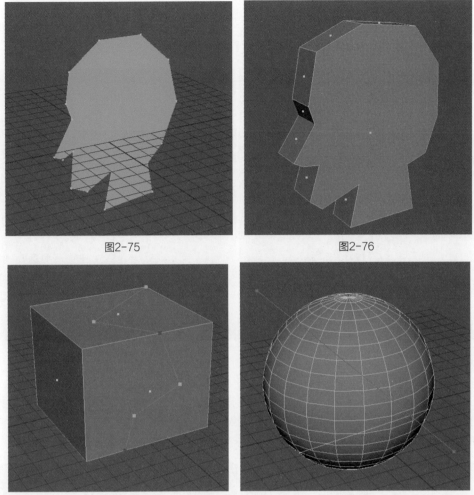

图2-75

图2-76

图2-77

图2-78

（4）插入循环边

"插入循环边"是使用率很高的命令。执行该命令可在连续的四边形面中插入一圈结构线，用于增加物体的段数，如图2-79所示。为保持平滑后物体的边缘有一定的硬度，也常在边缘处插入循环边，如图2-80所示。（小贴士：三边形的面不能使用"插入循环边"命令加结构线）

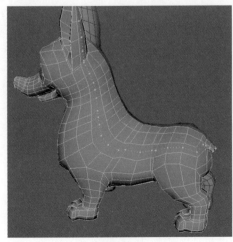

图2-79

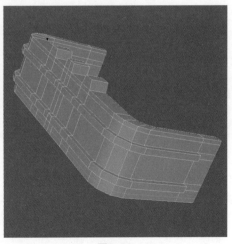

图2-80

（5）目标焊接

"目标焊接"是"网格工具>合并"中的特殊命令，用于将一个选中的点移动到另一个点上进行焊接，以保持模型的局部形状不变，如图2-81和图2-82所示。

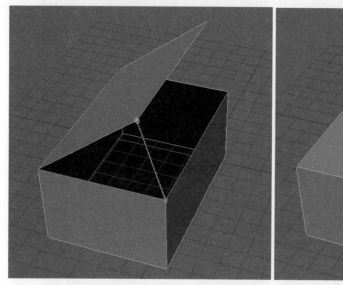
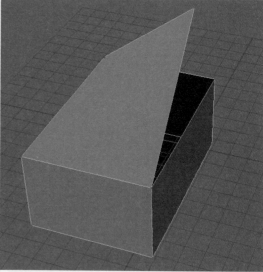

图2-81   图2-82

（6）四边形绘制

"四边形绘制"命令用于在激活的对象上放置点，以创建新面进行重新拓扑，常在将高模拓扑为低模时使用。在激活的模型上执行"四边形绘制"命令，画4个点，按住"Shift"键单击，可以创建一个在模型表面上的四边面，如图2-83所示。按住"Tab"键，可以连续创建四边面，如图2-84所示。

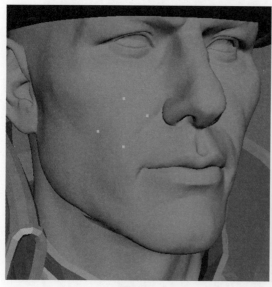
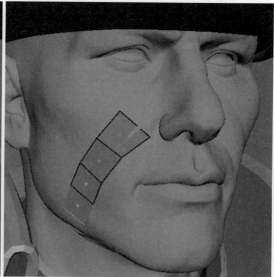

图2-83   图2-84

（7）雕刻工具

"雕刻工具"命令中包含10多个子工具，比较常用的有雕刻、平滑、凸起、展平等子工具。双击子工具可打开设置窗口，调整笔刷大小和强度后可在物体上进行雕刻。要雕刻的物体面数要足够多，才有明显的效果，如图2-85和图2-86所示。按住"B"键+鼠标中键拖曳鼠标，可以调整笔刷大小。

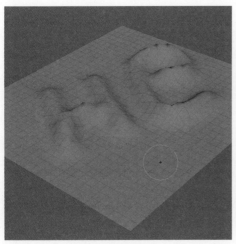
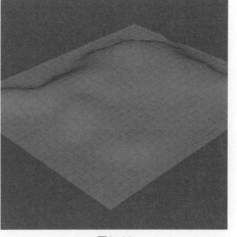

图2-85   图2-86

2.4.4 "网格显示"菜单中的常用命令

"网格显示"菜单中的命令主要用于设置模型的显示方式。

（1）软化边

模型边线在默认状态时是硬边线模式。选择边线，执行"网格显示>软化边"命令可以将物体的边线软化。在游戏模型中普遍将模型边线软化，与成倍增加面数的"平滑"命令相比，"软化边"命令的圆滑效果稍逊色，但优点是面数保持不变。

图2-87、图2-88所示为硬边线模式和部分边线软边时的效果。

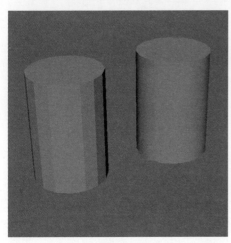
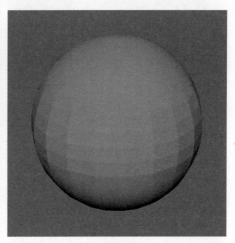

图2-87   图2-88

（2）反转、一致

"反转""一致"是关于法线编辑的命令。选择物体，执行"网格显示>多边形>面法线"命令，物体的表面法线会显示出来。有法线指向线的面为法线正方向，模型的面显示正常，无法线指向线的面为法线反方向，模型的面显示为暗色，如图2-89所示。法线方向不同的两个面相邻时，边缘会变硬，就算执行"软化边"命令也没法进行软边操作，如图2-90所示。解决的方法是：选择法线反方向的面，执行"网格显示>反向"命令将这些面的法线方向反转；或者选择整个模型，执行"网格显示>一致"命令，此时可以观察到所有法线方向已统一，然后选取所有边线并执行"网格显示>软化边"命令，即可完成软边操作。

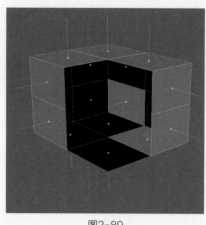

图2-89

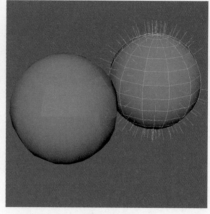

图2-90

2.5 NURBS曲面建模知识

　　NURBS即Non-Uniform Rational B-Spline（非均匀有理样条），是曲线或样条的数学描述。NURBS曲面建模使用数学函数来定义曲线和曲面，因而可以在不改变外形的前提下自由控制曲面的精细程度。曲面建模的特点是能用较少的数据做出复杂的流线型模型，擅于制作工业产品造型。图2-91和图2-92所示都是数字媒体艺术专业同学用曲面建模方式制作的模型。

图2-91

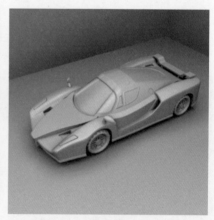

图2-92

　　曲面建模和多边形建模都是"成熟"的建模方式，都可以独立完成常见的建模工作。用曲面建模能完成的模型，用多边形建模也可以完成。由于建模原理不同，在创建一些特定造型时，某种建模方式可能会更便捷。在动画领域，曲面建模和多边形建模搭配使用的情况比较普遍。在游戏制作领域，主要应用的是多边形建模，因为曲面模型不能拆分UV，也不能自由拓扑，而且当前一些游戏引擎对曲面的支持还不够友好。

　　对于想从事游戏或动画行业的初学者，学好多边形建模基本能满足企业的岗位要求，曲面建模可以作为一种辅助方式。制作好的曲面模型可以通过执行"修改>转化>NURBS到多边形"命令转化为多边形模型。

　　曲面建模的命令主要包含在"曲线"和"曲面"菜单中；此外，"曲线工具"子菜单中的命令也是曲面建模的重要组成部分。

2.5.1 "曲线工具"子菜单中的常用命令

"曲线工具"子菜单中的命令是用多种算法模式进行曲线的创建。执行"创建>曲线工具"命令即可打开"曲线工具"对话框,如图2-93所示,其中有CV曲线工具、EP曲线工具、Bezier曲线(贝塞尔曲线)工具、铅笔曲线工具等,使用这些工具中的任何一种最终都能实现要绘制的曲线形状。CV曲线工具是用曲线外的控制点来编辑曲线;EP曲线工具是直接通过曲线上的点来确定造型;Bezier曲线工具与Photoshop中的钢笔工具类似,是用节点操纵杆来控制曲线;铅笔曲线工具允许自由绘制线,但生成的编辑点较多且不够圆滑,需进行重建曲线处理。

建议熟悉并用好一种曲线创建工具即可。以CV曲线工具为例,该工具默认用3个控制点来创建曲线,能方便地绘制出流畅度很高的曲线,按"Enter"键即可完成操作。要在曲线中增加一段直线或一个直角,可通过编辑控制点来实现。线段两端各有两个紧靠在一起的控制点,可形成一段直线;如有3个点紧靠在一起,则可以形成一个角,如图2-94所示。双击"CV曲线工具"图标可以进入"工具设置"窗口,把"曲线次数"改为"1线性",就可以直接画出直线,如图2-95所示。

图2-93

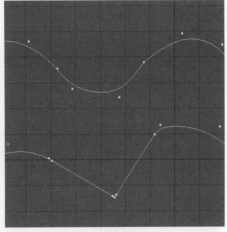

图2-94

用鼠标右键单击曲线,能激活包括"控制顶点""编辑点""壳线"等命令的浮动菜单,以便进行下一步编辑工作;也可以在状态栏中单击"按组件类型选择"按钮,打开"选择点组件"和"选择壳组件",如图2-96所示。

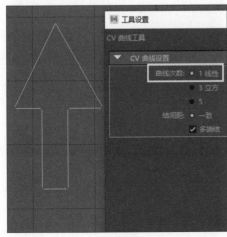

图2-95

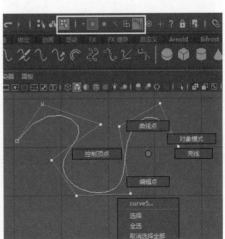

图2-96

2.5.2 "曲线"菜单中的常用命令

"曲线"菜单中的命令主要是关于曲线的各种编辑操作。

（1）复制曲面曲线

用鼠标右键单击曲面上的等参线，如图2-97所示，执行"复制曲面曲线"命令，可以将该曲线从曲面中复制出来，如图2-98所示。

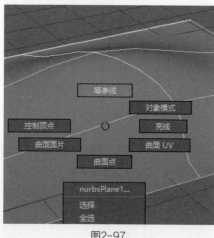

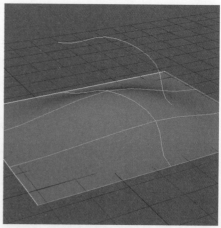

图2-97　　　　　　　　　　　　　　　　　图2-98

（2）添加点工具、反转方向

"添加点工具"命令不是在曲线上加点，而是在已画好曲线的末端继续延长绘制。选择一条曲线，执行"添加点工具"命令，可在末端继续绘制曲线；如果对曲线执行了"反转方向"命令，则是从曲线的起始端开始绘制曲线，图2-99所示为原曲线，图2-100所示为使用"添加点工具"后继续绘制的曲线。

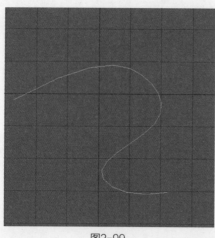

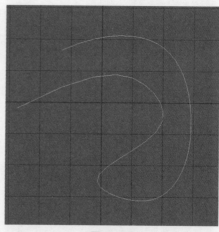

图2-99　　　　　　　　　　　　　　　　　图2-100

（3）附加

选择两条曲线，执行"附加"命令，可以将两条曲线连接为一条曲线，如图2-101和图2-102所示。

（4）分离

选择曲线上的一个编辑点，执行"分离"命令，可将曲线分为两段，如图2-103和图2-104所示。

（5）打开/关闭

选择一条没闭合的曲线，执行"打开/关闭"命令可以将曲线闭合，如图2-105所示。如果选择一条闭合的曲线，执行该命令则会复制出一条没有闭合的曲线，如图2-106所示。

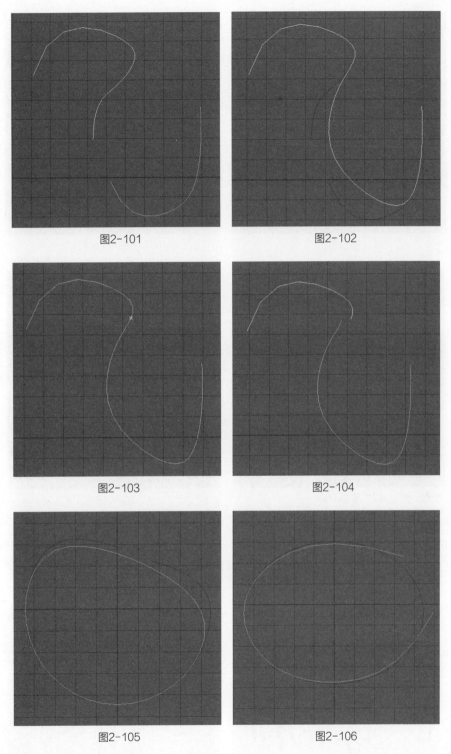

图2-101

图2-102

图2-103

图2-104

图2-105

图2-106

（6）分离

对两条相交的曲线执行"分离"命令，可使它们在相交点分开，如图2-107和图2-108所示。

（7）插入结

"插入结"命令用于在曲线上加入编辑点，通常配合"编辑曲线工具"命令使用。执行"编辑曲线工具"命令（也可以单击鼠标右键激活浮动菜单，选择"编辑点"选项），按住"Shift"键在曲线上任意单击两个点，如图2-109所示，执行"插入结"命令，可以在曲线上加入两个编辑点，如图2-110所示。

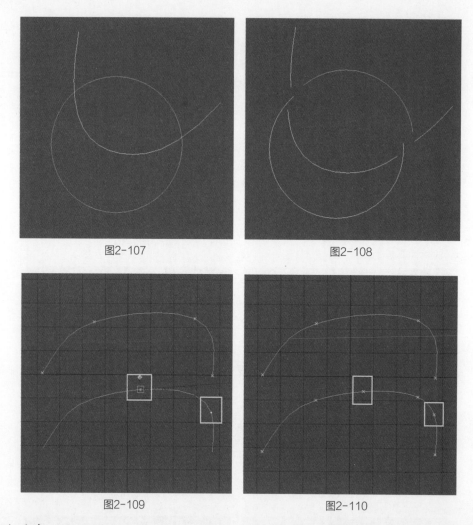

图2-107　　　　　　　　　　　　图2-108

图2-109　　　　　　　　　　　　图2-110

（8）重建

　　选择曲线，执行"重建"命令，打开"重建曲线选项"窗口，在"跨度数"文本框中输入合适的数字，如图2-111所示，曲线会依照这个数量进行重建并均匀分布，曲线的形状也会变得更流畅，如图2-112所示。

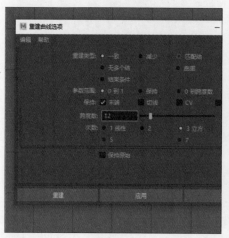

图2-111

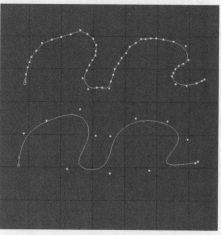

图2-112

2.5.3 "曲面"菜单中的常用命令

"曲面"菜单中的命令主要是利用曲线建构曲面，以及曲面的相关编辑操作。

（1）放样

依次加选几条曲线作为横截面，如图2-113所示，执行"放样"命令可创建曲面，如图2-114所示。

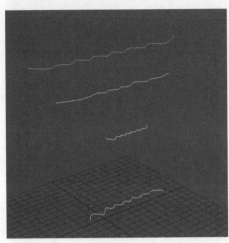

图2-113   图2-114

（2）平面

执行"平面"命令，可为在同一平面上的闭合曲线创建一个曲面。图2-115所示为原模型，图2-116所示为执行平面命令后创建曲面的模型。若有点不在同一平面，则曲面无法成功创建。

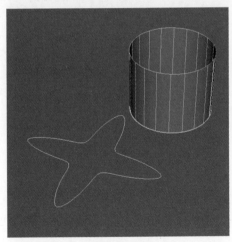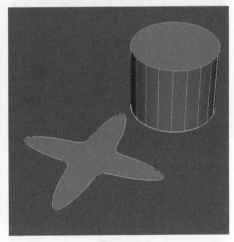

图2-115   图2-116

（3）旋转

"旋转"是曲面建模中使用率最高的命令之一，可用横截面旋转成形。在侧视图中绘制一个横截面曲线，如图2-117所示，执行"旋转"命令，横截面曲线沿着坐标中轴线旋转成形，如图2-118所示。如果改变曲线的轴心位置，则旋转的中轴线也跟着改变，旋转得到的形状也不同。

（4）挤出

"挤出"是曲面建模中使用率最高的命令之一。

功能一：利用横截面和路径生成曲面。选择一个圆圈作为横截面，再加选一条曲线作为路径，如图2-119所示，打开"挤出选项"窗口，选中"在路径处"和"组件"选项，沿着路径生成一根管道，如图2-120所示。

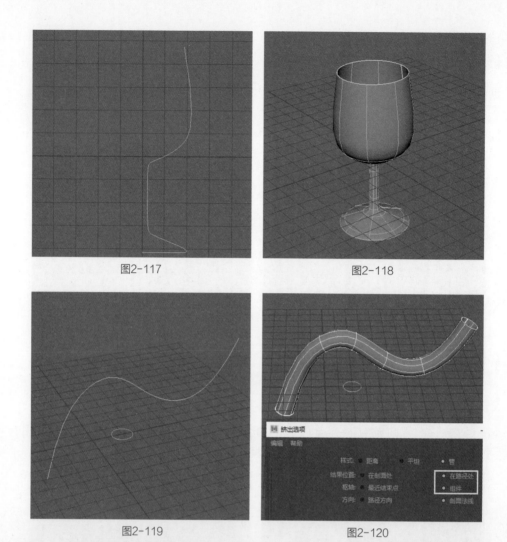

图2-117　　　　　　　　　　　　　　　图2-118

图2-119　　　　　　　　　　　　　　　图2-120

功能二：利用曲线挤出一个垂直的面。选择一条曲线，如图2-121所示，打开"挤出选项"窗口，将"样式"设为"距离"，设置"挤出长度"后就可以创建一个垂直于曲线的曲面，如图2-122所示。

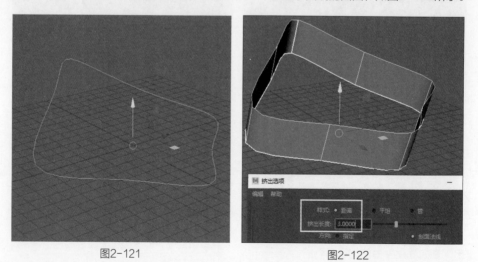

图2-121　　　　　　　　　　　　　　　图2-122

（5）双轨成形

"双轨成形"命令是利用两条导轨曲线，再加1～3条轮廓曲线创建曲面（轮廓曲线的两端必须在导轨曲线上）。执行"双轨成形"命令，按顺序先选1号和2号导轨曲线，再选3号和4号轮廓曲线，如图2-123所示，即可创建出曲面，如图2-124所示。

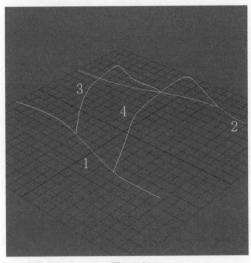

图2-123

图2-124

（6）倒角、倒角+

"倒角"命令用于给一条曲线创建带倒角的曲面，"倒角+"命令用于给一条闭合的曲线创建带倒角和封闭顶面的曲面，如图2-125和图2-126所示。

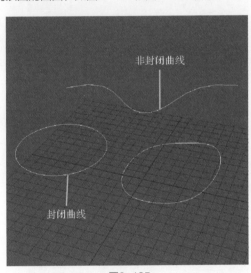

图2-125

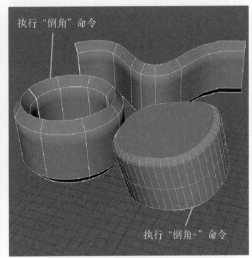

图2-126

（7）复制NURBS面片

用鼠标右键单击一个曲面面片，执行"复制NURBS面片"命令，可把该面片复制出来，如图2-127和图2-128所示。

（8）分离

选择一个曲面的等参线，执行"分离"命令，可沿该等参线把曲面分离为两个部分，如图2-129和图2-130所示。

（9）相交

选择两个相交的曲面，执行"相交"命令，可生成两个曲面之间的相交边缘曲线，如图2-131和图2-132所示。该命令常用于曲面的剪切、对接等操作。

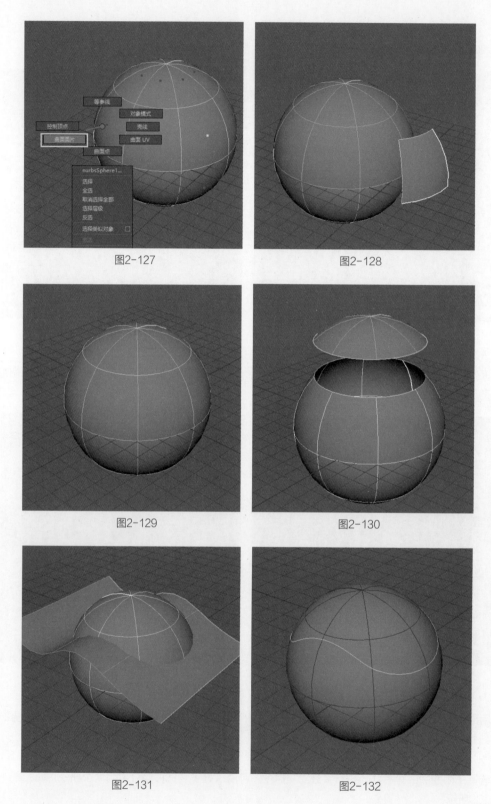

图2-127

图2-128

图2-129

图2-130

图2-131

图2-132

（10）在曲面上投影曲线

先选择曲线，再加选曲面，执行"在曲面上投影曲线"命令，可把曲线轮廓投射到曲面上并生成新的曲线，如图2-133和图2-134所示。该命令常用于曲面的剪切、对接等操作。

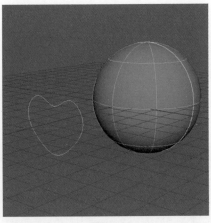

图2-133

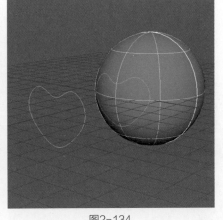

图2-134

（11）修剪工具

当曲面上有封闭的曲线时，执行"修剪工具"命令，在曲面需保存的地方单击并按"Enter"键，可以把没单击到的那部分曲面删除，如图2-135和图2-136所示。

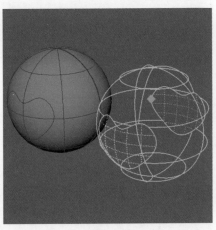

图2-135

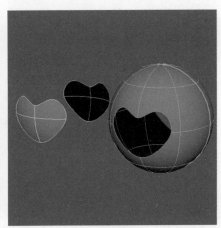

图2-136

（12）插入等参线

在曲面上单击鼠标右键激活浮动菜单，选择"等参线"选项，如图2-137所示；选择一条等参线，按住"Shift"键移动鼠标会出现虚线，执行"插入等参线"命令可添加几条结构线，如图2-138所示。

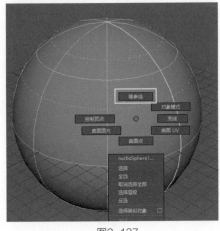

图2-137

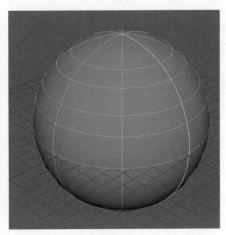

图2-138

（13）圆化工具

"圆化"是创建曲面倒角的命令。执行"圆化工具"命令，在两个曲面的交接处移动鼠标指针，呈现示意图标后，按"Enter"键可完成圆化，如图2-139和图2-140所示。（小贴士：只能在两个曲面的交接处圆化，不能选择3个曲面；可按住快捷键"4"进入线框显示模式，避免选择背后的曲面）

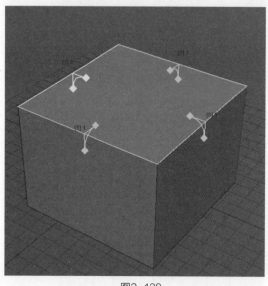

图2-139

图2-140

（14）曲面圆角

选择两个曲面的等参线，执行"曲面圆角>自由形式圆角"命令，可在两个曲面的等参线之间创建一个平滑过渡的新曲面，如图2-141和图2-142所示。

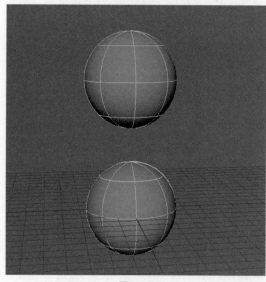

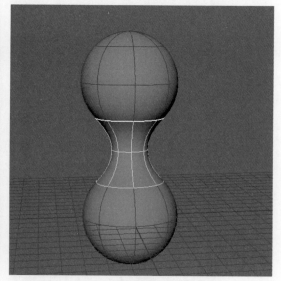

图2-141

图2-142

（15）布尔

两个曲面之间的布尔运算有并集、差集、交集3种模式，与多边形的布尔运算差不多。执行"布尔>差集工具"命令，如图2-143所示，单击曲面1并按"Enter"键，再单击曲面2并按"Enter"键，曲面1被减去，效果如图2-144所示。

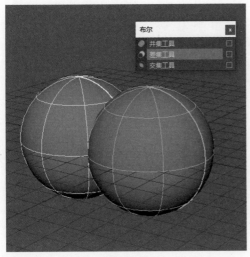

图2-143

图2-144

2.6 思考与练习

（1）简述多边形建模的特点，列举几个利用多边形建模完成的模型。

（2）简述曲面建模的特点，列举几个利用曲面建模完成的模型。

（3）查找资料，简述多边形建模和曲面建模主要应用的领域。

| **食品包装建模案例：**
西式快餐

为体现氛围的真实性，动画中常会出现各种零食，如糖果、饼干、饮料等。这类食品及包装的三维建模和渲染应用其实也属于产品包装设计的效果图表现范畴，是视觉传达专业和产品设计专业课程的重要组成部分。

食品包装是食品商品的组成部分，主要起保护食品、方便使用、利于运输与存储、促进销售的作用。由于包装的成本一般要远低于食品本身的价值，因此食品包装的制作材料不能太贵重，而且制作工艺和外形结构也都不能太复杂。食品包装的制作材料通常为纸、塑料、金属、玻璃、复合材料等，包装型式常分为罐、瓶、包、袋、卷、盒、箱等。食品包装外形以基本的方形或圆柱形为主，方便持握或携带，制作时尽量一次成型，避免多材质、多部件的拼接。

即食类快餐式食品包装不需要考虑保存功能，多为敞口结构或者易于打开的盒状结构。非即食类的食品包装要考虑保鲜功能和存储功能，要有较好的封闭结构。即使是同一种饮料，因使用场景不同，也可分为杯式包装和瓶式包装。

本案例讲解食品包装中西式快餐的产品三维建模。作为即食类快餐式食品，汉堡、可乐等主要产品的包装所用的材料都是低成本、易成型的纸材。纸是一种片状结构，依靠不同的折叠方法可构建出各种盒状、筒状外形。本章主要讲解用Maya完成片状结构物品的建模，用多边形工具完成盒状造型的建模，用曲面工具完成筒状造型的建模。

通过对本案例的学习，读者可以熟悉Maya的界面，掌握部分常用命令，并可完成一些如饼干盒、月饼盒等产品的包装建模。

本章要点

- 认识食品包装的基本造型特征。
- 使用多边形建模命令完成简易物体建模。
- 使用曲面建模命令完成简易物体建模。

西式快餐产品建模案例分析

3.1.1 建模思路

本案例讲解食品包装中西式快餐产品的三维建模方法与技巧。

西式快餐的常见食物有汉堡、可乐、薯条、派、鸡块等，配件有番茄酱、纸巾、托盘等。

西式快餐的包装盒子基本都是纸材，片状结构可以利用边挤出的方法完成造型。托盘是塑料材质，有一定的厚度，可以用体块挤出的方法建模，也可以用先做好面片再挤出厚度的方法创建。可乐杯子和吸管的外形是基本圆柱体，可用曲面建模方式快速制作。

西式快餐的包装整体造型比较简单，又是人们较为熟悉的物件，适宜作为早期的基础建模综合案例。

西式快餐的配件较多，可根据个体能力自行选择建模物件的数量和复杂度。初学者顺利完成第一个作品可以增强信心。图3-1和图3-2所示为数字媒体技术专业同学的第一次课程作业。

图3-1

图3-2

3.1.2　学习内容

本章通过对学生熟悉的产品进行建模练习，逐一讲解三维软件的各基础命令和工具的使用方法。

课程目标：

（1）熟悉三维软件的界面和基础操作，掌握基础的建模方法；

（2）把西式快餐的实体套餐创作为数字模型形式，增加学生的新奇感和成就感；

（3）使学生能学以致用，激发学生离开教学案例，举一反三，主动进行更多日常生活中的数字创作。

主要命令：多边形挤出、目标焊接、曲线>旋转、曲线>挤出、插入等参线。

主要知识点：利用点的基本位移进行塑形、世界坐标和对象坐标的切换、线的挤出、改变所选点的轴心和进行旋转、利用横截面曲线旋转成形、利用横截面曲线挤出管状物、利用面片挤出厚度、曲面转换为多边形等。

3.2　西式快餐产品建模操作

3.2.1　薯条盒子的建模

（1）创建一个"轴向细分数"为"12"的圆柱体，如图3-3所示。右击模型进入组件模式，删去顶端的面，用缩放工具框选圆柱体底面的点，向内挤压，如图3-4所示。

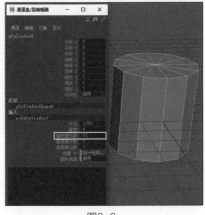

图3-3

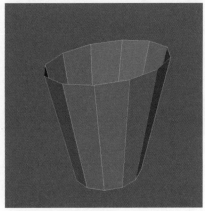

图3-4

（2）把盒子前面的3个点向下调整，把盒子后面的3个点向上调整，如图3-5所示，薯条盒子基本型制作完成。选择薯条盒子的所有侧面边，执行"网格显示>软化边"命令，将侧面的边软化，让盒子看起来更加圆滑流畅，如图3-6所示。（小贴士：盒子底面的转折边是重要结构边，折角也比较大，这类结构转折边一般不软化，否则物体形状会失去硬朗感）

图3-5

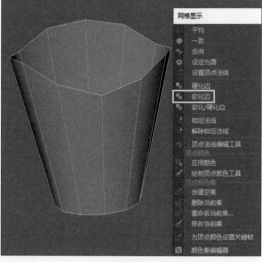

图3-6

3.2.2 薯条的建模

（1）分别创建"高度细分数"为"3"和"高度细分数"为"4"的长方体，如图3-7所示，随意旋转、拖曳结构点，做出不规则的长方形，完成薯条的制作，如图3-8所示。

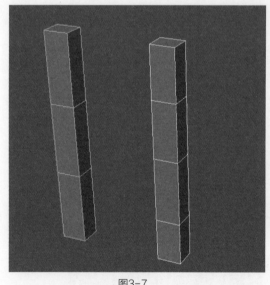

图3-7

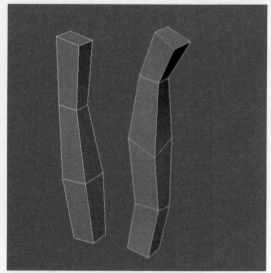

图3-8

（2）薯条的摆放。选择薯条，按住"D"键进入轴心编辑状态，把轴心移动到薯条的底部，再松开"D"键完成操作，如图3-9所示。此时，薯条的轴心就位于底部，可以方便地移动和旋转薯条，将薯条摆放到薯条盒中，如图3-10所示。

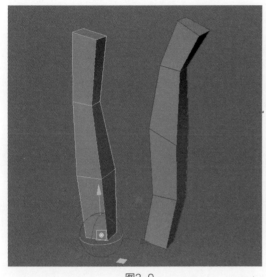

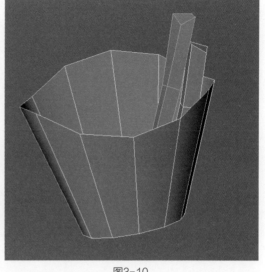

图3-9   图3-10

3.2.3 汉堡盒子的建模

（1）创建一个正方体，把顶部放大并删去顶面，如图3-11所示。选择一条边，执行"编辑网格>挤出"命令（也可以单击"挤出"按钮），挤出一个向上的面，单击黄色框中的小圆圈，可以切换物体挤出的轴方向（是按世界坐标还是按对象组件的方向）。连续执行"挤出"命令，得到图3-12所示的形状。

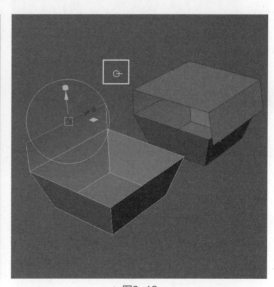

图3-11   图3-12

（2）用挤出面的方法做出盖子两侧的面，并把顶端的面缩小，如图3-13所示。执行"网格工具>目标焊接"命令，把盖子的点焊接在盒子上，如图3-14所示。

（3）焊接点后的形状如图3-15所示，盖子前端可以超出底座一点，方便盖上。在盖子前面挤出卡口结构，如图3-16所示。

（4）在盖子侧面挤出卡口结构，形状如图3-17所示。按"CtrL+D"组合键复制一个盒子，把盒子两侧的点推远一点，做出一个长条形的汉堡盒子，如图3-18所示。（小贴士：用移动点的方法拉长盒子可以保持盒子侧面的形状不变，如果用缩放工具拉长盒子，则会让盒子侧面的形状产生变形）

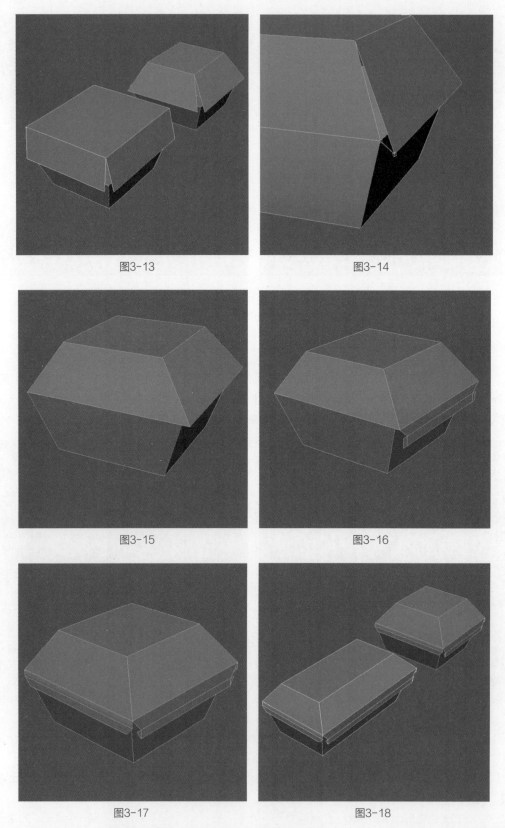

图3-13

图3-14

图3-15

图3-16

图3-17

图3-18

（5）翻开盒盖。从侧视图选择盖子的所有点（记得去掉底座的点），按"D"键进入轴心编辑状态，把轴心移动到盒盖和底座的接边位置，如图3-19所示。旋转盒盖的点就可打开汉堡盒，如图3-20所示。

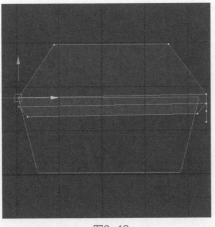

图3-19

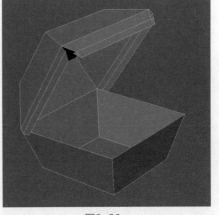

图3-20

3.2.4 托盘的建模

（1）创建一个长方形平面，如图3-21所示，选择4条边进行向上挤出，如图3-22所示。

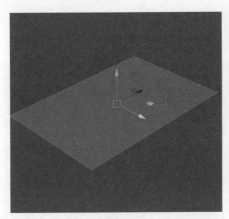

图3-21

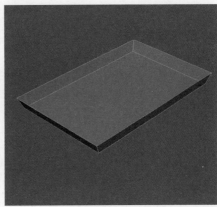

图3-22

（2）选择4条侧边，执行"编辑网格>倒角"命令，将"分段"设置为"3"，如图3-23所示，单击"倒角"按钮后形状如图3-24所示。

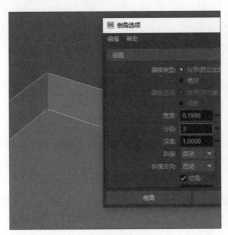

图3-23

图3-24

（3）选择两条短侧边，沿着对象组件的轴心坐标方向挤出一个竖向短面，再选择所有的顶端边，沿世界坐标轴向挤出一个向外平出的边缘面，如图3-25所示。对一些转折大的边缘边进行倒角，形状如图3-26所示。

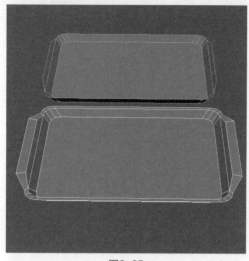

图3-25   图3-26

（4）选择物体执行"挤出"命令，设置"厚度"为"-0.2"，向下挤出一个厚度，如图3-27所示。托盘制作完成，效果如图3-28所示。

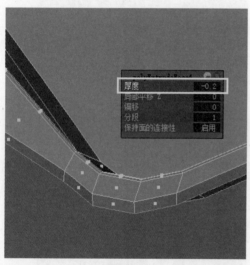

图3-27   图3-28

3.2.5 可乐杯的建模

（1）可乐杯的制作会用到曲面建模的知识。执行"创建>曲线工具>CV曲线工具"命令，在正视图绘制一个杯子的横截面形状，如图3-29所示。杯口的卷起部分用7个点绘制，下方每一个转角都用3个点，如图3-30所示。再框选在同一水平线上的控制顶点，用挤压工具使它们对齐。

（2）选择曲线，执行"曲面>旋转"命令，使横截面沿着坐标中轴线旋转成为一个杯子，如图3-31和图3-32所示。若调整曲线的形状，则杯子的形状也会跟着改变。为防止杯子形状改变，可把杯子模型放在一个层里冻结备用。

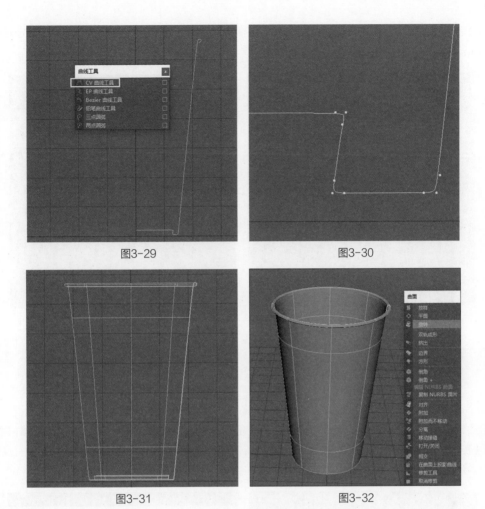

图3-29

图3-30

图3-31

图3-32

3.2.6 杯盖的建模

（1）用CV曲线工具绘制一个杯盖横截面，如图3-33所示，每一个转角点由3个点组成，用挤压工具对齐同一水平线上的点，如图3-34所示。

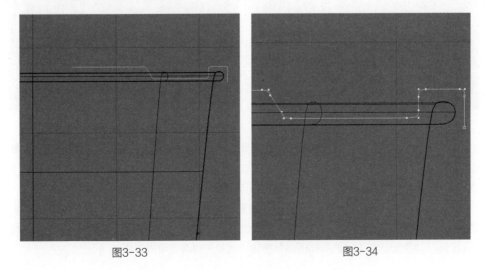

图3-33

图3-34

（2）选择曲线，执行"曲面>旋转"命令，使横截面沿着坐标中轴线旋转成为杯盖，如图3-35和图3-36所示。

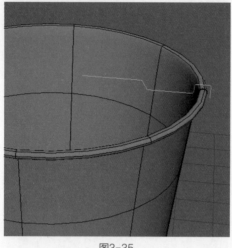

图3-35　　　　　　　　　　　　图3-36

3.2.7　汽水吸管的建模

（1）通常杯装可乐使用直吸管，但为了学习更多的建模知识，此处选择复杂的折形汽水吸管。用CV曲线工具在前视图创建一条折线，在顶视图中创建一条圆形曲线，如图3-37所示。先选择作为横截面的圆圈，再加选作为路径的折线，打开"挤出选项"窗口，选中"在路径处"和"组件"选项，进行挤出应用，如图3-38所示。

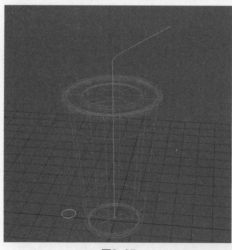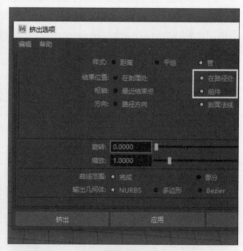

图3-37　　　　　　　　　　　　图3-38

（2）吸管挤出成形，调整圆形曲线可以改变吸管横截面的大小和形状，如图3-39所示。接着制作吸管的褶皱。用鼠标右键单击吸管，激活浮动菜单，选择"等参线"选项，选择吸管上的一条结构线，按住"Shift"键不放上下各拖曳出4条虚线，如图3-40所示。

（3）执行"曲面>插入等参线"命令，在虚线位置插入等参线，如图3-41所示。选择吸管，单击"按组件类型选择"按钮，激活"选择点组件"和"选择壳组件"按钮，在吸管上间隔选择4条结构壳线的点，如图3-42所示。（小贴士：单击"选择壳组件"按钮，再单击壳线就可以选择该线上的所有点）

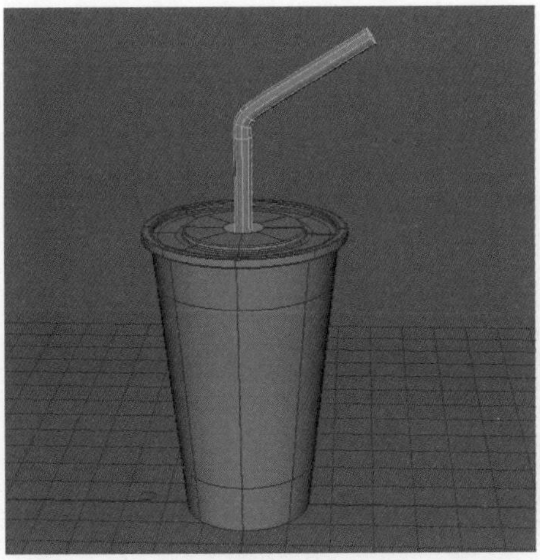
图3-39

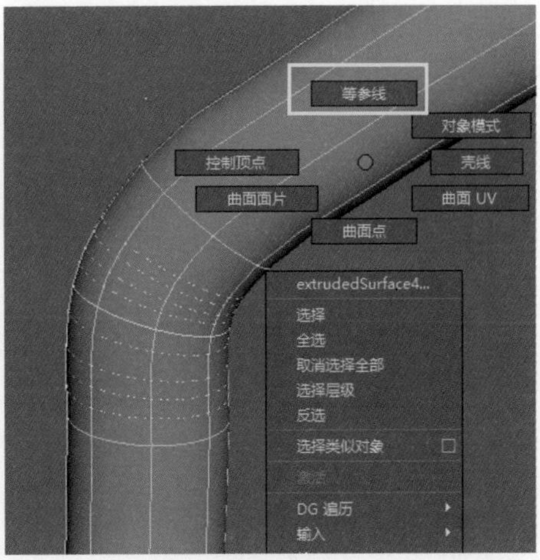

图3-40

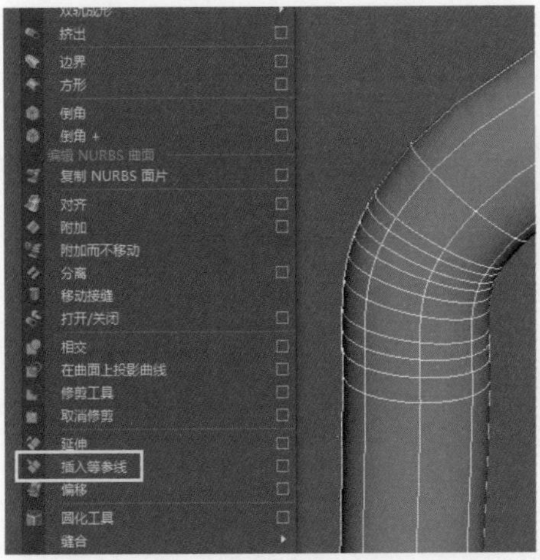

图3-41

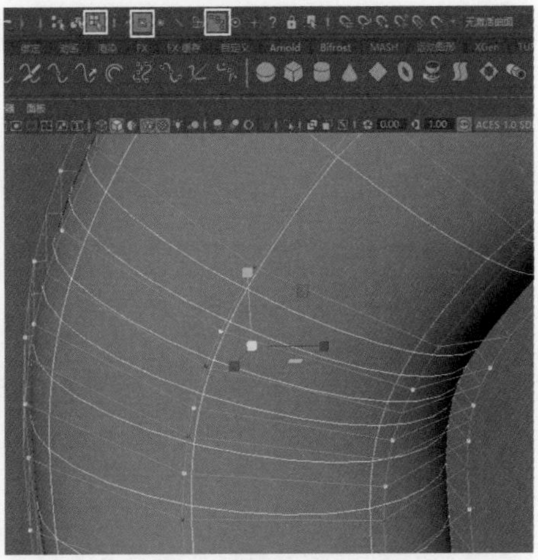
图3-42

（4）用缩放工具放大所选的结构点，如图3-43所示，做出吸管的褶皱，如图3-44所示。

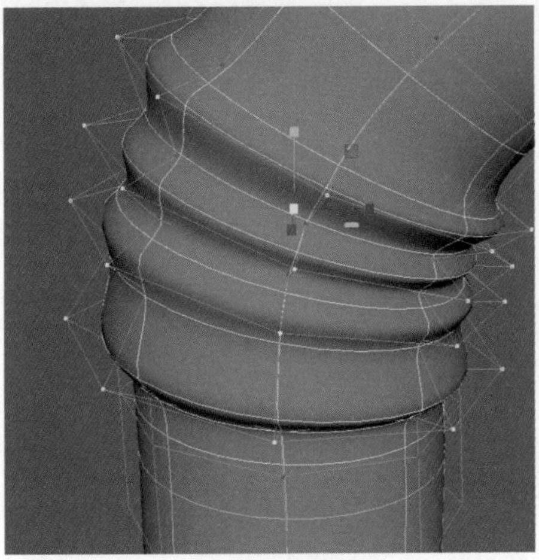
图3-43

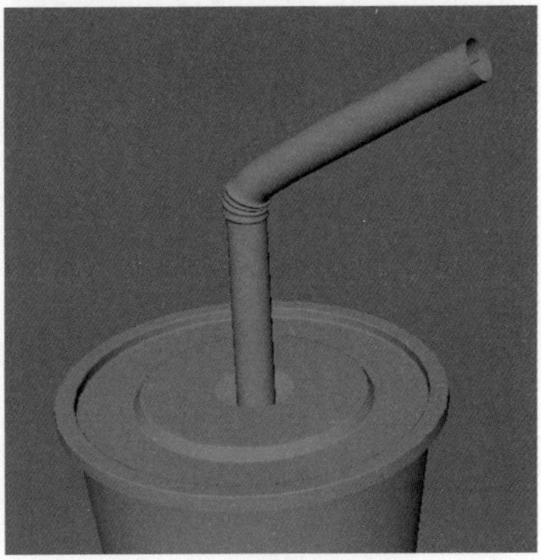
图3-44

（5）将曲面物体转换为多边形物体。由于曲面物体不能编辑UV，而且一些主流引擎对曲面的支持也不友好，因此常常需要把曲面转换为多边形物体。选择曲面的杯子，执行“修改>转化>NURBS到多边形”命令，如图3-45所示，将“细分方法”设为“控制点”后进行转换，如图3-46所示。

图3-45

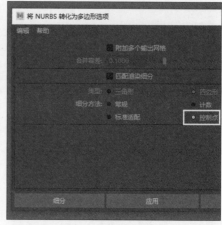

图3-46

（6）曲面杯子按控制点的方式转化为多边形杯子后就具有了UV编辑功能。可对杯子执行一次"网格>平滑"命令，使其杯身更流畅，如图3-47和图3-48所示。

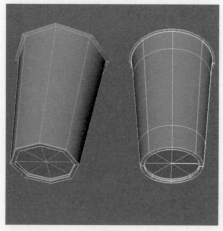

图3-47

图3-48

图3-49和图3-50所示为一些组合的渲染效果。初学者的第一个综合案例暂时先只学建模，不宜一下子学太多知识点，贴图可以等学到后面的相关知识时再进行练习，也可以根据本章配套的教学视频自行进行贴图学习。

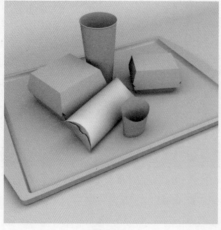

图3-49

图3-50

3.3 课程作业参考

图3-51~图3-54所示为完成贴图后的课程作业，制图同学分别来自数字媒体技术、数字媒体艺术和动画专业。

图3-51

图3-52

图3-53

图3-54

 3.4 思考与练习

（1）简述西式快餐产品建模案例中各配件的建模流程。

（2）完成组合静物的建模练习。根据学过的知识创建以日常用品为主的组合模型。

（3）自学配套教材视频中贴图的内容，进行素材采集并完成一组纸质产品的建模和贴图。

4 第 章 | 虚拟仿真分子生物建模案例：原核细胞

虚拟仿真（Virtual Simulation）是指通过计算机建构实际系统的仿真环境，分析和预测真实世界的行为和结果。虚拟仿真的实现通常包括建立数学模型、数据采集、系统仿真、结果分析等步骤，当前主要应用于训练、教育、测试、设计等领域。

虚拟仿真实验越来越多地应用到教学中。传统的课堂教学多是用书本图文及多媒体展示来传授知识，学生是被动的受众。虚拟仿真实验则可以让学生按自己的意愿参与体验，如了解对象的全方位形态，观察分解结构，查看触发对象在各种状态下的不同反馈和发展等。虚拟仿真实验有更好的教学效果，学生会更具学习主动性，理解和掌握的知识更牢固。同时，虚拟仿真实验也拓展了课堂实验的覆盖面，让那些高成本、高消耗或在极危环境下进行的实验操作有了可替代的方案。

虚拟仿真的目的是尽可能模拟真实的环境，拟真的数字模型是核心要素。如果是现实中的可见物体，则还原物体的真实形状和材质是基本原则，尽量不画蛇添足地修改加料。如果是较刺激的场景（如医学生物内脏场景），则物体的形态和颜色可进行一定的修饰以降低视觉负面感，突出结构和运作原理。

虚拟仿真的环境需要用数字模型来搭建。大至整个城市、街区模拟场景的搭建，小至一花一草等小物件的塑造，Maya作为专业的三维软件都可以胜任。本章主要讲解原核细胞结构的数字建模。原核细胞不是日常生活中能肉眼可见的物体，但其在微观世界里真实存在。这种有客观依据，也有一定创作自由度的建模，需要建模者具备相关的知识储备。建模者应先查找资料了解原核细胞的基础构成和分解形态，同时明确虚拟仿真实验项目中各部件的具体要求（如是否需拆分结构或制作动画），有整体的制作思路后再进行形象提炼，最后才建模。

通过本案例的学习，读者可掌握翻卷管道形态和放射性分布形态的建模技巧，同时也能锻炼查找资料、归纳特征的能力。

微课视频

本章要点

- 虚拟仿真模型"拟真"和"提炼"的平衡。
- 原核细胞的建模思路。
- 原核细胞仿真模型的数字建模。

4.1 原核细胞仿真模型制作案例分析

4.1.1 原核细胞的结构和建模思路

本案例源自虚拟仿真实验项目：原核细胞的结构。实验内容来自高中《生物》教材，实验目的是使学生了解原核细胞的形态和结构特点。以大肠杆菌为例，原核细胞由细胞壁、细胞膜、细胞质、拟核、核糖体、鞭毛、纤毛等部分构成，如图4-1所示。原核细胞与真核细胞的主要区别是，原核细胞虽有DNA集中的区域，但没有成形的细胞核；此外，有些原核细胞有鞭毛和纤毛，有助于细菌在液体中游动。

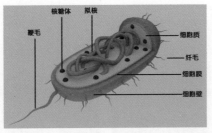

图中标注：核糖体、拟核、鞭毛、细胞质、纤毛、细胞膜、细胞壁

图4-1

从模型特点来看，细胞壁、细胞膜、细胞质从外到内用颜色区分开；其中，细胞壁和细胞膜的模型之间有一个高度落差，露出夹层的厚度结构。建模思路是先完成细胞质的剖开造型，再分别挤出细胞膜和细胞壁的厚度。

拟核的管道穿插比较复杂，需创建不能交错的管道路径。建模思路是先用控制点尽量少的曲线调出路径大形，再用曲面轮廓线加路径挤出的方法生成管道。挤出管道前要先用重建曲线的命令增加路径曲线的点，让生成的管道有足够的结构线平缓转折的角度。

纤毛和鞭毛不涉及大角度的弯曲，可以用多边形横截面加路径挤出的方法来制作。纤毛是向外发散的，可以组为单位旋转复制后再手动放置。

微观生物的外形容易带来视觉负面感，从教学角度出发的仿真建模，可以在无损科学性的基础上适当进行形象提炼。

4.1.2 学习内容

相较于以块状基本型为主的西式快餐模型，原核细胞的外形更为复杂：有规范的椭圆拓展结构，也有自由形态的穿插管道和扭曲纤毛。新造型需用新命令制作，继续学习更多的建模工具，夯实基础。

课程目标：

（1）学习更多的建模命令，尝试综合运用建模命令来制作复杂度更高的模型；

（2）培养进行项目分析和构建制作思路的习惯；

（3）体会制作中合理安排流程次序的重要性（如拟核管道建模时把细化加点和调节造型两个步骤进行调转测试）。

主要命令：布尔、曲面>挤出、编辑网格>挤出。

主要知识点：曲线重建、网格面片加路径挤出管道、曲线加路径挤出多边形管道、删除历史、改变物体轴心位置、把材质赋予物体、Arnold快速渲染。

4.2 原核细胞建模操作

4.2.1 细胞膜大形建模

（1）细胞质可以先制作出来，然后制作细胞膜结构和细胞壁结构。

创建一个球体，位置在（0,0,0）点，"旋转X"为"90"，设"输入"栏的"轴向细分数"和"高度细分数"都为"10"，如图4-2所示（小贴士：细分数调整为10是为了减少结构线，方便调整大形）。用缩放工具把球体拉长为椭球体，再对称框选两侧的结构点进行放大，调至图4-3所示的形状。

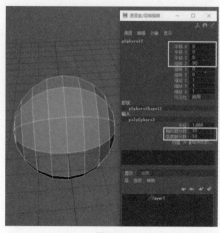
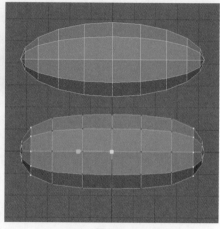

图4-2 图4-3

（2）执行"网格>平滑"命令，添加结构线让椭球体的外形更加圆滑。创建一个立方体，移至相应位置，注意立方体的边缘和椭球体的结构线之间要有一定的间隙，两个物体摆放位置如图4-4和图4-5所示。（小贴士：布尔运算的边缘和椭球体结构线故意有些错位，以便后面制作细胞壁）

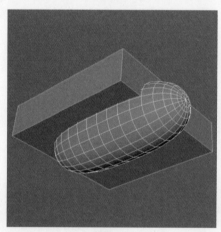
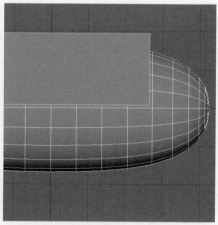

图4-4 图4-5

（3）选择椭球体，后加选立方体，执行"网格>布尔>差集"命令，把椭球体切除一块，做出细胞质的剖开面，如图4-6所示。选择外侧的面，执行"编辑网格>挤出"命令（或者单击"挤出"按钮），将"厚度"设置为"0.1"，挤出细胞膜的厚度，如图4-7所示。

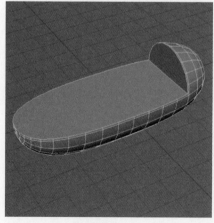
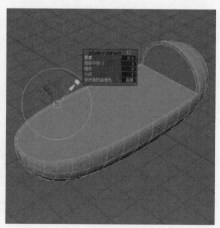

图4-6 图4-7

4.2.2 细胞壁大形建模和着色

（1）细胞壁位于细胞膜的外侧，覆盖住细胞膜。为了方便演示，细胞壁和细胞膜的剖开结构线可稍微错位。

以剖面边缘第二条结构线为界，选择模型外侧所有的面，如图4-8所示，执行"编辑网格>挤出"命令，将"厚度"设为"0.3"，挤出细胞壁的厚度，如图4-9所示。

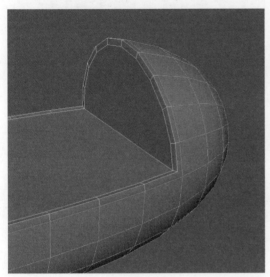

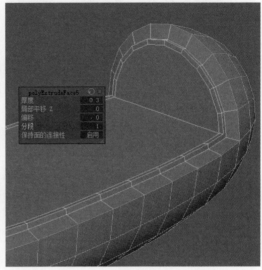

图4-8

图4-9

（2）利用着色来区分细胞壁、细胞膜和细胞质。执行"窗口>渲染编辑器>Hypershade（材质编辑器）"命令，创建3个Lambert（兰伯特）材质球，把颜色分别调为黄、绿、白，如图4-10所示。选择物体，用鼠标右键单击黄色材质球，将鼠标指针移至"为当前选择指定材质"选项，把物体设为黄色。用同样的方法，选择最内侧细胞质的两个面，将其设为白色；选择中间的细胞膜厚度结构，将其设为绿色，效果如图4-11所示。（小贴士：先选一个面，再按住"Shift"键双击相邻的面，可以默认选择同一圈的面）

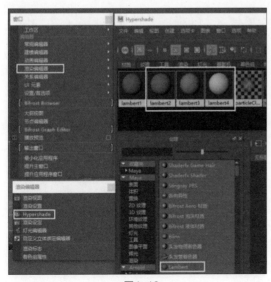

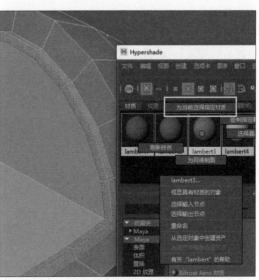

图4-10

图4-11

（3）物体着色后的效果如图4-12所示。白色部分为细胞质，绿色部分为细胞膜，黄色部分为细胞壁。选择物体，在层编辑器中创建一个新层。用鼠标右键单击新层，执行"添加选定对象"命令，把物体放于层中备用，如图4-13所示。（小贴士：层可以切换为无状态、T、R这3种模式，分别对应可编辑、线框冻结、实体冻结3种状态）

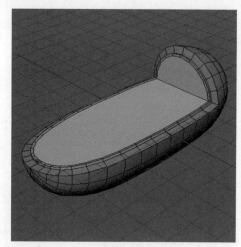

图4-12

图4-13

4.2.3 拟核的建模

拟核大形为管道状，建模思路是横截面加路径进行挤出。因为管道有一半露出，所以路径的起始处可以在细胞质下方，尽量把接缝放到看不见的地方。

（1）画出拟核的结构路径。切换到顶视图，执行"创建>曲线工具>铅笔曲线"命令，在细胞质的范围内画一些大幅穿插的曲线，如图4-14所示。铅笔工具所画曲线的点比较多，曲度也不够流畅，可执行"曲线>重建"命令，把"跨度数"改为"16"，减少结构点以方便编辑。此时曲线在xz平面上，还需在y轴向上进行纵向编辑。在状态栏单击"按组件类型选择"按钮，激活"选择点组件"和"选择壳组件"按钮，切换到透视图编辑曲线，如图4-15所示。

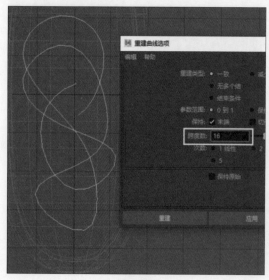

图4-14

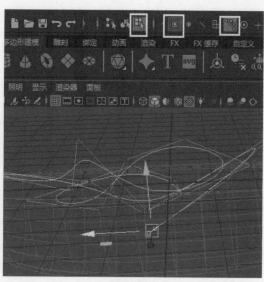

图4-15

（2）曲线有16个控制点，按起始顺序很快可以调整好起伏形状，注意尽量避免曲线相交。选择编辑好的路径曲线，按"Ctrl+D"组合键复制两条放在一旁备用，如图4-16所示。选择一条曲线，执行"曲线>重建"命令，把"跨度数"改为"200"，增加曲线的控制点，如图4-17所示。

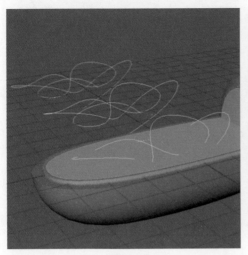

图4-16

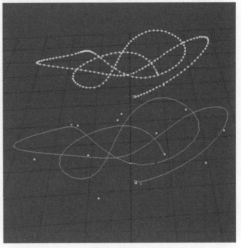

图4-17

（3）创建一个小圆圈，按住"Shift"键加选一条路径曲线，执行"曲面>挤出"命令，选中"管""在路径处""组件"选项，在"输出几何体"栏中选择"多边形"，在"细分方法"栏中选择"控制点"；执行应用挤出一条多边形管状体。部分菜单界面如图4-18所示。如果管状体变黑，那是因为法线反转，可以执行"网格显示>反向"命令来解决。两条曲线挤出的形状如图4-19所示，可以看出，有16个控制点的曲线挤出的管状体扁平严重，而有200个控制点的曲线挤出的管状体饱满流畅。观察管状体的穿插情况，如需修改，则可先在有16个控制点的曲线上进行编辑，再将其重建为200个控制点，最后挤出成品。（小贴士：控制点越多，编辑难度越高。建模时通常在少点、少面的状态下调整好大形，再进行细化操作）

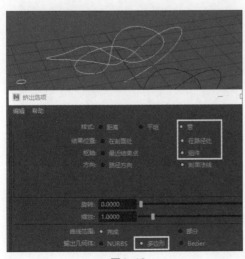

图4-18

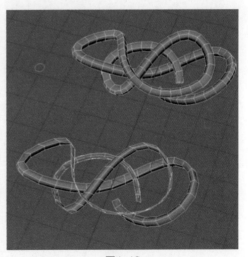

图4-19

（4）执行"编辑>按类型删除>历史"命令，把创建历史参数删除，这样可以自由移动物体，使其不再受曲线的影响。给管状的拟核赋予湖蓝色，效果如图4-20所示。按"Ctrl+D"组合键复制一组拟核，旋转一下后放置，丰富结构层次；然后创建十几个小圆球随意摆放，赋予褐色作为核糖体，效果如图4-21所示。建好的物体可以放置在新层，冻结备用。

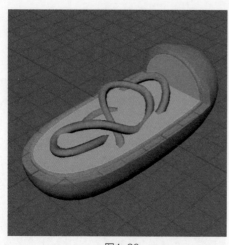

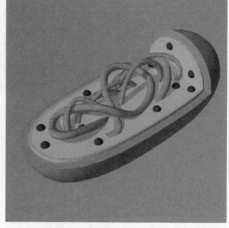

图4-20　　　　　　　　　　　　　　　　图4-21

4.2.4　鞭毛和纤毛的建模

鞭毛和纤毛造型类似：根部大、末端小，自由扭曲；可用路径挤出的方式来制作。

（1）创建一个圆盘面片，设置"边"为"20"，细分数都为"0"，坐标位置在（0,0,0）点。在侧视图中从下往上画一条曲线（小贴士：面片是曲线的起始方向，不能反过来），重建曲线控制点为7个，按住"X"键把起始端点吸附在（0,0,0）点。在x轴和z轴方向调整各点的位置，做出自由弯曲的形状，如图4-22所示。

在"按对象类型选择"模式下，用鼠标右键单击小圆盘，选择小圆盘的所有面（小贴士：注意是选圆盘的面，不是选圆盘对象），按住"Shift"键加选曲线，执行"编辑网格>挤出"命令，挤出一个圆柱体，如图4-23所示。

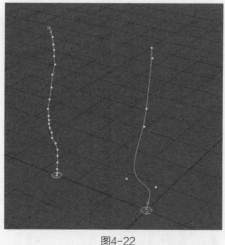

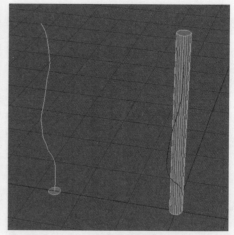

图4-22　　　　　　　　　　　　　　　　图4-23

（2）在通道栏的"输入"栏中调整挤出属性，设置"分段"为"20"，"扭曲"为"20"，"锥化"为"0"；圆柱体被调整为一条根部粗、末端细的弯曲毛发，如图4-24所示。执行"编辑>按类型删除>历史"命令把该物体的创建历史参数删除，并将其移动到细胞的尾端，赋予黄色作为鞭毛，如图4-25所示。（小贴士：如果带着创建历史参数，则物体会受到路径的影响，移动时容易变形）

（3）纤毛的建模方法和鞭毛类似，也是利用面片和路径挤压制作出来。在（0,0,0）点创建一个小圆盘面片，设置"边"为"12"，细分数都为"0"。自下向上画一条短曲线，重建曲线控制点为6个，端点对齐（0，0，0）点。同时选择面片和曲线，按"Ctrl+D"组合键复制多条曲线，并分别调整曲线的长度和形状，如图4-26所示。按鞭毛的建模方法分别进行挤出操作，将"锥化"设置为0.1～0.3，增加变化度，如图4-27所示。

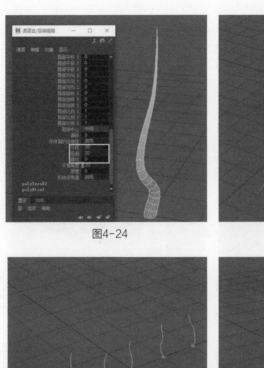

图4-24

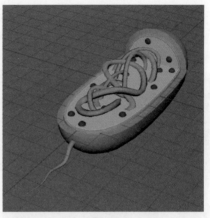

图4-25

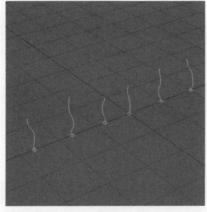

图4-26

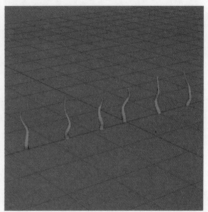

图4-27

（4）选择一排纤毛，执行"编辑>按类型删除>历史"命令，把该物体的创建历史参数删除；再复制数排纤毛，移到合适位置并进行旋转（小贴士：双击"旋转"按钮，可更改轴方向。在本案例中，个体旋转时，轴方向为对象；整排旋转时，轴方向为世界），效果如图4-28所示。配合正、侧、顶视图进行位移和旋转微调，将每一条纤毛呈放射状安放在细胞壁上，数量若不足可继续复制，效果如图4-29所示。

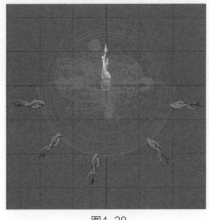

图4-28

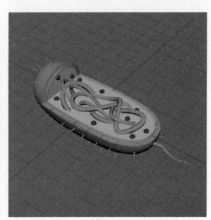

图4-29

4.2.5 原核细胞的渲染

在Maya 2000及以上的版本中，渲染时默认是Arnold模式。若直接单击"渲染"按钮，则因为场景还没有打光，所以渲染窗口是黑色的。可执行"Arnold>Lights>Skydome Light"命令（也可单击工具架上的"Create Skydome Light"按钮），如图4-30所示，创建一个天穹灯，再执行"窗口>渲染编辑器>渲染视图"命令进行渲染，效果如图4-31所示。

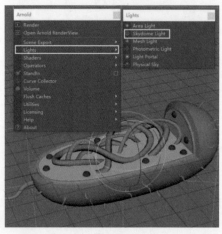
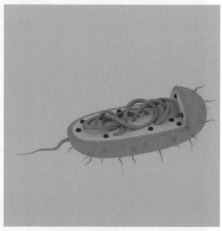

图4-30   图4-31

4.3 课程作业参考

图4-32和图4-33所示为动画专业学生完成的原核细胞结构建模作品。

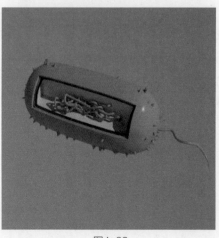

图4-32   图4-33

4.4 思考与练习

（1）思考对比曲线加路径挤出管道状和多边形面片加路径挤出管道状两种方法的区别。

（2）利用所学知识对细菌结构进行建模。

第5章 虚拟仿真植物建模案例：豆角

　　绝大多数现实中的物体表层都有具体的图案或纹理。在数字模型中，这些表层图案、纹理称为材质贴图。没有材质贴图的模型呈单一颜色，只有把贴图赋予模型后，模型才会显示和真实物体一样的表层图案和质感。

　　贴图的风格要服从于作品的整体风格。例如，在个性风格的游戏或动画片中，物体的贴图通常采用手绘，以保障美术视觉风格的统一；但在写实风格的游戏动画和虚拟仿真应用中，贴图通常采用拍摄的实物素材，以尽可能还原现实生活。

　　学校教学的虚拟仿真实验会涉及大量的常见植物模型，如各种叶子、树木等。这些植物或是作为单个的研究对象，或是多株组合搭建特定的氛围场景。植物的造型相对简单，枝干大多为圆柱体，花、叶呈片状，果实多为球体或椭球体。若是单个的花叶试验研究，则可直接建出花叶具体形态的模型；若是以整树为单位的应用，则通常会使用大量的交叉面片并赋予贴图来体现叶簇（因为若每一片树叶都单独建出外形，则会产生大量模型数据，从而卡滞引擎），如图5-1和图5-2所示。植物仿真建模的技术核心主要体现在UV拆分和对位贴图环节。

图5-1

图5-2

　　UV是三维模型中纹理贴图坐标的简称，U代表横向坐标上的分布，V代表纵向坐标上的分布。UV定义了图片上每一个点的位置信息。可以将UV理解为数字模型的"皮肤"，拆分UV就是把物体表层摊开在一个平面上。例如，一个纸质牙膏盒可以拆开成为一张具有独特轮廓且印满图案的平面纸片。若建造一个相同形态的牙膏盒数字模型，则把由实体牙膏盒拆开的纸片作为模型贴图，并把模型UV拆开并对位纸片上的图案，那么这个模型表层就会呈现与实体牙膏盒一模一样的图案效果。

　　本章案例是豆角果实与种子的仿真建模。以正上方的角度自行拍摄素材，把图片导入顶视图对照建模；同时把图片作为贴图，采用平面映射法拆分模型UV并进行对位，仿真还原豆角的纹理材质。

　　通过对本案例的学习，读者可以掌握利用已有贴图进行建模和拆分UV的技巧，并锻炼采集素材的动手能力。本案例的方法适用于一些植物类或者建筑场景等写实风格的仿真模型的制作和贴图，也适用于前面学习的产品包装模型贴图。由于虚拟仿真实验中的相关建模不涉及美术造型基础，因此非艺术类专业学生也可完成高质量的模型作品。

本章要点

- 贴图和UV的基础知识。
- 已有贴图时的建模流程。

- 豆角的数字建模。
- 豆角的UV拆分和贴图。

5.1 豆角模型制作案例分析

5.1.1 建模思路

本案例源自虚拟仿真实验项目：观察果实结构。实验内容来自人教版教材初中生物七年级上册《果实与种子的形成》一章。实验过程是用刀片解剖果实，观察果实的内部结构。实验结论是：果实由果皮和种子组成，种子由种皮和胚组成。

本案例使用的植物是豆角，渲染效果及所用贴图分别如图5-3和图5-4所示。

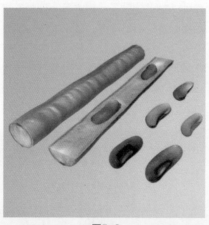
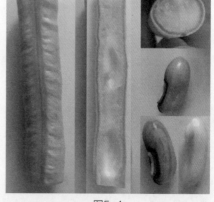

图5-3   图5-4

从模型特点来看，豆角的结构比较简单。果实外形呈圆柱体，剖开面有凹槽以放置种子（豆子）；豆子呈椭球状，胚还有胚芽结构。用多边形的多切割工具可以在基本形上添加结构以制作出凹槽和胚芽。

一般的动画游戏建模步骤是先建好模型，再拆分UV和贴图。虚拟仿真用的建模步骤正好相反，先通过拍实物获取模型的贴图素材，再严格按照拍摄的照片建低模、拆分UV和贴图，最后圆滑加面做出高质量的仿真模型。

5.1.2 学习内容

模型的仿真是主要目的，要先准备好素材作为仿真参考对象。校园、公园和菜市场都是很好的素材采集场所，拍摄的照片既可作为建模的外形参考，也可作为模型的贴图素材。

课程目标：

（1）掌握简单物体的拆分UV和贴图方法，学习从建模、拆分UV到完成贴图的制作流程；

（2）能学以致用、举一反三，完成其他植物的建模和贴图。

主要命令：编辑网格>分离、网格>分离、桥接、添加分段。

主要知识点：导入参考图、在材质球上导入贴图、将材质赋予物体、用平面映射方式创建UV、根据已有贴图调整UV、低面时先拆分UV再细化加面的制作方法等。

5.2 豆角建模与贴图操作

5.2.1 豆角外形建模

（1）激活顶视图，执行"视图>图像平面>导入图像"命令，如图5-5所示，导入豆角的参考图片，如图5-6所示。把参考图向下推远，避免建立模型时被遮挡，然后在层编辑器中创建一个新层，把图片放进去。

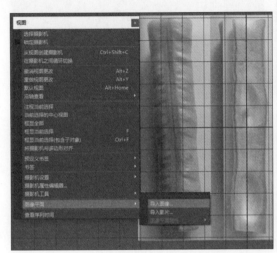

图5-5

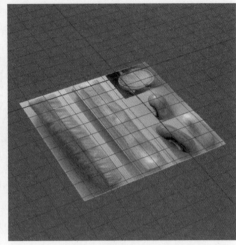

图5-6

（2）创建一个"高度细分数"为"10"的圆柱体，对照参考图缩放以调整长度，如图5-7所示。豆角的圆柱体外形有一定起伏，孕育豆子处呈隆起状，对照参考图缩放每圈的结构点，效果如图5-8所示。（小贴士：在参考背景图片建模时，可以按快捷键"4"把物体转化为线框模式；也可以执行"视图>着色>X射线显示"命令，让物体半透明显示）

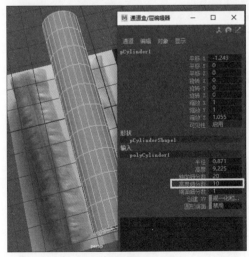

图5-7

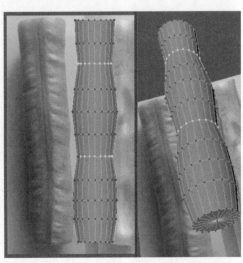

图5-8

豆角的贴图

豆角模型是根据已有贴图素材的形状来编辑UV。因为有贴图素材的限制，所以不追求绝对的UV等分拆分，能出大体效果即可。由于当前默认UV和贴图素材不对应，因此需重新编辑物体UV。

（1）创建一个带有豆角贴图的新材质球。执行"窗口>渲染编辑器>Hypershade"命令，打开材质编辑器窗口，执行"创建>材质>Lambert"命令，创建一个lambert2材质球，如图5-9所示。双击该材质球打开属性栏，单击"Color"选项后面的小方格图标，选择"文件"选项，如图5-10所示，在"图像名称"中导入豆角贴图文件。

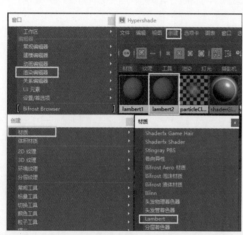

图5-9 　　　　　　　　　　　　　　　　　　　　图5-10

（2）单击带贴图的lambert2材质球，按住鼠标左键将其拖动到豆角模型上后释放，将材质球赋予模型。此时因为模型的默认UV和贴图的位置、形状不一样，所以豆角模型的贴图是错位的，如图5-11所示。单击模型，执行"UV>UV编辑器"命令，用鼠标右键单击模型，选择"UV壳"选项，将所有的UV移出贴图主区，腾出编辑空间，如图5-12所示。

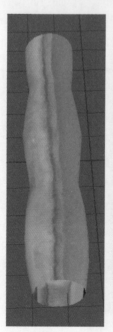

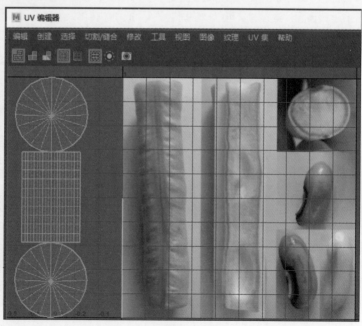

图5-11 　　　　　　　　　　　　　　图5-12

（3）重新赋予UV。选择豆角模型圆柱体的所有面（横截面除外），执行"UV>平面"命令，将"投射源"设为"Y轴"，勾选"保持图像宽度/高度比率"选项，如图5-13所示，创建一个y轴投射的新UV。执行"UV>UV编辑器>图像"命令，勾选"暗淡"选项，让贴图颜色变暗，凸显UV形状以便编辑。投射后的UV形状如图5-14所示。

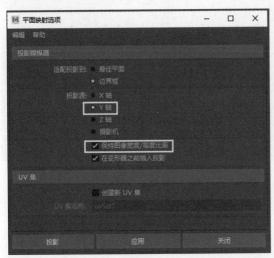

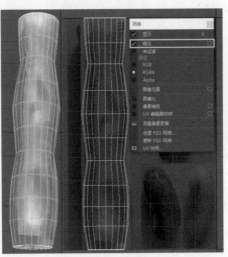

图5-13

图5-14

（4）调整UV。绝对理想化的UV分布是UV间隔和建模布线一致的平摊，再根据UV形状来绘制贴图。但从贴图采集便利性出发，虚拟仿真物体通常采用照片作为贴图，制作步骤是先确定贴图再进行建模。故此UV的调整要尽量服从于现有贴图，不追求绝对平摊，小有拉扯影响不大。由于UV创建是从y轴投射，因此圆柱体正面的UV间隔和实际的模型布线间隔比较类似，而圆柱体侧边的UV间隔比较紧凑。可以分别双击外侧的几列UV，拉出一段间距，效果如图5-15所示。缩放移动每圈的UV点，调整UV外形以对应豆角外表贴图，效果如图5-16所示。

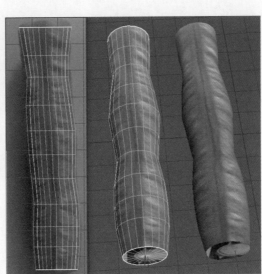

图5-15

图5-16

（5）截面贴图。选择豆角模型的两个横截面，执行"UV>平面"命令，将"投射源"设为"Z轴"，勾选"保持图像宽度/高度比率"选项，创建一个z轴投射的新UV。两个端面的UV呈圆形，可整体缩小后放置在截面参考图上方，如图5-17所示。调整两个端面UV的形状以对应参考图，最终效果如图5-18所示。至此，豆角外形的贴图便制作完成了。

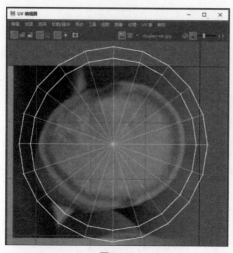

图5-17

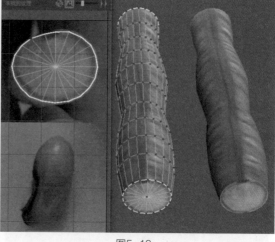

图5-18

5.2.3 剖开的豆角建模

（1）将豆角分为两半。选择豆角一半的面，执行"编辑网格>分离"命令，将豆角分为上下两半，如图5-19所示。此时这两半豆角还从属于同一个物体，可选择物体，执行"网格>分离"命令，将豆角分为两个不同的物体，如图5-20所示。

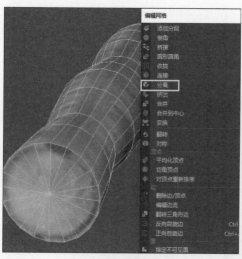

图5-19

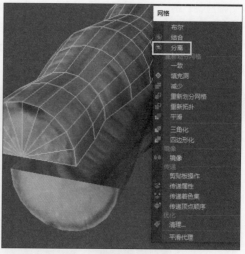

图5-20

（2）制作剖面结构。选择两侧的边，执行"编辑网格>桥接"命令，连上中空的剖面，效果如图5-21所示。此时剖面的贴图仍是豆角外皮，未能正确对应。选择剖面，执行"UV>平面"命令，将"投射源"设为"Y轴"，勾选"保持图像宽度/高度比率"选项，创建一个y轴投射的新UV，效果如图5-22所示。

（3）编辑UV点对应剖面的贴图，效果如图5-23所示。剖面上还有放置豆子的凹槽结构，需加结构线才可做出。选择剖面，执行"编辑网格>添加分段"命令，选中"线性"选项，将"U向分段数"设为"2"，"V向分段数"设为"4"，添加分段，如图5-24所示。（小贴士：在面数少时先分好UV，再进行细化加面，可节省大量调节时间）

（4）执行"网格工具>多切割"命令，绘制出豆角凹槽的外形，绘制完成后按"Enter"键确认，效果如图5-25和图5-26所示。

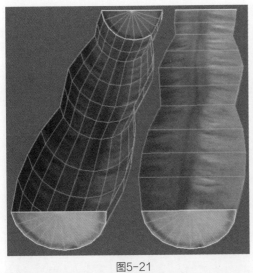

图5-21

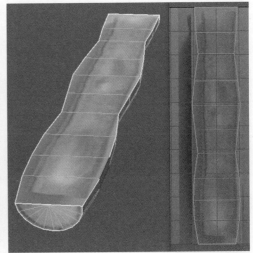

图5-22

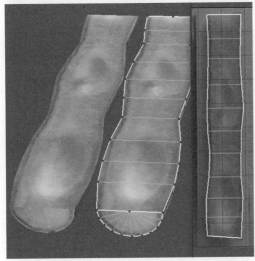

图5-23

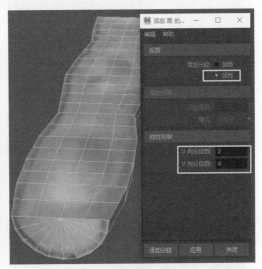

图5-24

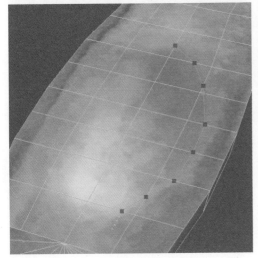

图5-25

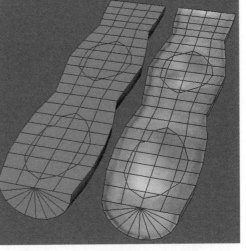

图5-26

（5）选择凹槽里的点，向下移动，建出凹槽的深度，如图5-27所示。用同样的操作制作出另外一个凹槽。在"UV编辑器"窗口中调整凹槽侧壁UV点的间距，消除UV拉伸现象。至此，剖开的豆角模型制作完成，效果如图5-28所示。将豆角模型放置在一个新层中，冻结备用。

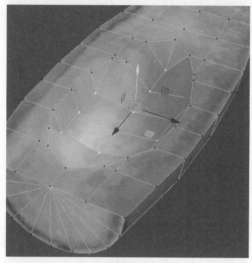

图5-27

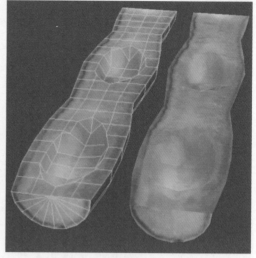

图5-28

5.2.4 豆角种子建模

豆角种子俗称豆子，呈略有弯曲的椭球体状，建模可采用先粗后细的方式。

（1）创建一个"轴向细分数"和"高度细分数"都为"8"的球体，"旋转X"为"90"，效果如图5-29所示。对照参考图的豆子大小比例，把球体整体缩小并拉长；再分别选择每一圈的结构点进行缩放，将其调整为与参考图粗细基本一致的形状，如图5-30所示。

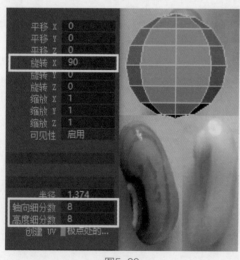

图5-29

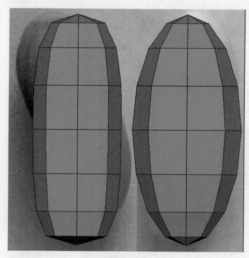

图5-30

（2）执行"着色>X射线显示"命令，让模型半透明显示；框选模型上方前3圈的结构点，按住"D"键，把这些结构点的轴心调整到底部，如图5-31所示。整体旋转这3圈结构点，并作小幅位移，让模型的上部和豆子参考图的形状重合，如图5-32所示。

（3）选择第4圈结构点，对应参考图进行旋转和位移，效果如图5-33所示。用同样的方法对第5圈结构点单独调整；第6圈和第7圈结构点参照前3圈的操作，按住"D"键改变轴心后整体调整，效果如图5-34所示。选择模型，执行"网格显示>软化边"命令，将结构硬边变柔和，豆子的模型制作完成。

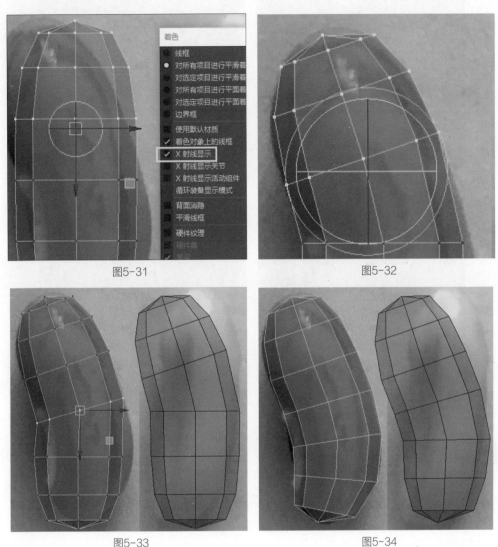

图5-31　　　　　　　　　　　　　　　　图5-32

图5-33　　　　　　　　　　　　　　　　图5-34

5.2.5　豆子的贴图

（1）打开材质编辑器窗口，将带有豆角贴图的材质球赋予豆子。选择豆子模型，执行"UV>平面"命令，创建一个y轴投射的新UV，效果如图5-35所示。

　整体缩放UV并微调UV点以适合豆子贴图；第2列和第4列UV线略向内偏移，拉大两侧的UV距离，避免边缘贴图有太明显的拉扯现象。豆子贴图制作完成，效果如图5-36所示。

（2）豆子脐部还有一些白色的凸出结构，可以加线挤出（小贴士：一些较小的建模结构可在完成基本的贴图后再进行加线制作，在模型面数较少时拆分UV可以减少工作量）。执行"网格工具>多切割"命令，添加脐部白色凸起处的结构；选择白色部分的面，执行"编辑网格>挤出"命令，挤出些许厚度，如图5-37所示。略调整挤出部分的UV后，复制一个豆子模型，执行"网格>平滑"命令对其进行平滑处理。豆子的模型制作完成，效果如图5-38所示。

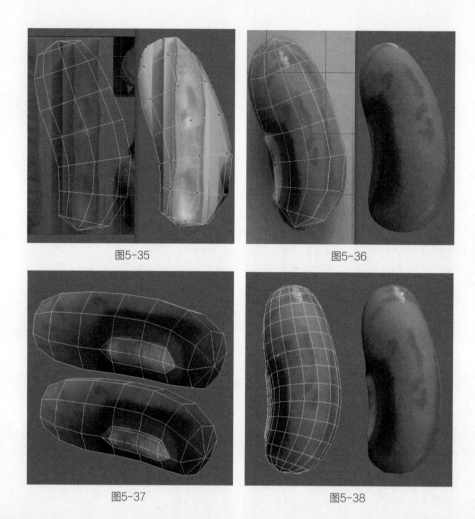

图5-35 图5-36

图5-37 图5-38

5.2.6 种皮的建模

（1）选择豆子模型下半部的面，执行"编辑网格>复制"命令，将剖开的种皮复制出来，如图5-39所示。

（2）选择模型，执行"编辑网格>挤出"命令，将"厚度"设为"0.02"，挤出种皮的厚度。种皮制作完成，效果如图5-40所示。

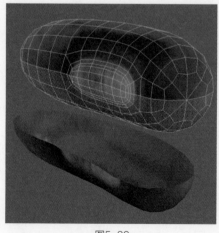

图5-39

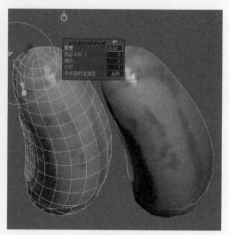

图5-40

5.2.7 胚的建模

（1）参照豆子的建模和贴图方法，制作出胚的大体外形；UV拆分和布线如图5-41所示。执行"网格工具>多切割"命令，画出胚芽结构，如图5-42所示。

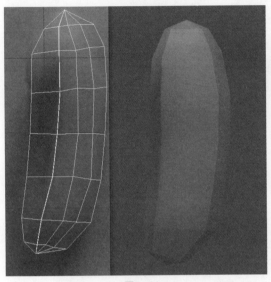

图5-41

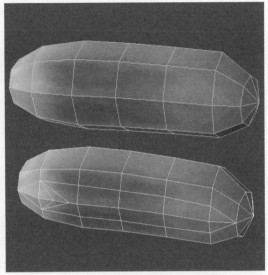

图5-42

（2）将凹槽处的结构点推进去，拉高胚芽的结构点，调整出胚芽的造型；最后执行"网格>平滑"命令，效果如图5-43所示。豆子、种皮和胚渲染后的效果如图5-44所示。如果需要将胚紧密放置在种皮内，则可以执行"变形>晶格"命令微调胚的外形。

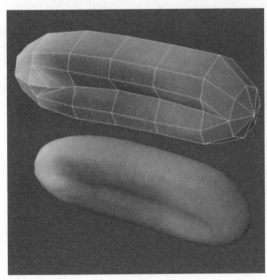

图5-43

图5-44

5.2.8 豆角的渲染

执行"Arnold>Lights>Skydome Light"命令，创建一个天穹灯，执行"窗口>渲染编辑器>渲染视图"命令进行渲染。最终渲染效果如图5-45所示。

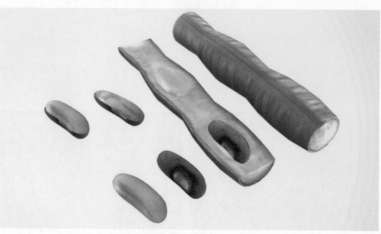

图5-45

5.3 课程作业参考

图5-46和图5-47所示为数字媒体艺术专业学生的果实及种子主题建模作品。

图5-46

图5-47

5.4 思考与练习

（1）尝试把制作步骤改为先进行模型平滑加面，再进行UV拆分，观察会有什么效果，体会建立清晰制作思路的重要性。

（2）利用所学知识对一些果实和种子进行建模和贴图。

第6章 机械建模案例：压路机玩具车

机械模型广义上是指具有机械制造特征的模型。机械模型的范围涵盖车辆、船舶、飞机等现实中的工业产品，也包括影视游戏作品中的飞舰、装甲、机器人等科幻虚构物体。

区别于以自由形态为主的生物模型，机械模型能满足大规模生产的要求，因而构件造型有更强的规则感和秩序感。

在体表特征方面，机械制造的模型通常表面平整、质地硬朗、转折分明。单位基本型主要有流线型、直线型和斜线型，这3种样式也常综合使用，叠加构成复杂造型。图6-1所示为以直线型为主的中国火星探测车祝融号，图6-2所示为流线型的中国万米载人潜水器奋斗者号。在结构特征方面，机械模型的构造体现了一定的功能性，各模块之间的连接结构便于实现推拉、开闭或旋转等物理运动。工业产品类的机械模型尺寸严谨，内外元件结构设计合理，能进行实际生产。影视作品中的科幻类机械模型则无须生产，结构设计相对合理即可，更侧重形态上的视觉张力。例如，现实中的坦克为单炮管和双履带，而经典游戏中的天启坦克可夸张设定为双炮管和四履带。

图6-1

图6-2

机械模型往往有较多部件并且环环相扣，制作前需要有清晰的建模思路。因为建模不仅是三维技术的应用，更是以解决问题为导向的思维培养过程。

建模前应先观察，整体思考制作步骤和难点解决方案。单一造型可以用多种建模方法来完成，但不同的建模方法所花费的制作时间不一样，形成的建模布线也不同，应相互对比找出最优方案。复杂的机械造型通常由多个单元形态叠垒而成，在进行前一个形态建模布线时，还需考虑是否有利于后面形态的拓展和衔接。因此，制订合理的制作方案是建模工作的重要流程。

对于大型的机械造型，宜把物体拆成不同的模块来逐一建模。例如，制作一个机器人可以分为头部、胸部、腹部、胯部、手臂、腿部等模块逐一建模，最后再组合到一起。以模块为单位，可以控制建模的复杂度和面数，同时也方便修改。

机械造型有一定的规则性，如等分切割、等角度旋转复制等，要善于利用物体属性栏和特殊复制栏来调节参数，避免手动调整。遇到流线型物体时，优先采用挤压缩放基础球体的方法来保持弧线流畅度。复杂形状宜采用布尔运算的方式来创建，尽量少用自由拓扑法。

模型的面数越多，调整的难度也越大。在制作过程中注意控制面数，保持拓展空间，不宜过早进行圆滑操作。布尔运算通常在圆滑操作之后进行，因为布尔运算后物体布线会有断裂的情况，后续拓展空间较小。

　　本章的案例是创建压路机玩具车的模型。由于模型比较复杂，因此拆卸为多个部件逐一建模，并重点筛选每个造型的最佳建模方案，预留下一步的操作空间。

　　通过对本案例的学习，读者可以掌握机械类建模的流程和布尔运算、规则复制等技术要点，同时也能培养前瞻分析的思考习惯。

本章要点

- 机械造型的基本特征。
- 机械造型的建模思路。
- 压路机玩具车的建模。
- 压路机玩具车的白模渲染和着色渲染。

微课视频

6.1 压路机玩具车建模案例分析

6.1.1 建模思路

　　玩具车是儿童喜欢的玩具类型之一。国内外有很多以载具作为主打题材的动画电影电视，知名作品有赛车总动员系列动画电影（美国迪士尼和皮克斯公司出品）、汪汪队立大功和无敌鹿战队系列动画电视（美国尼克公司出品）、超级飞侠系列动画电视（中国奥飞动漫出品）等。

　　知名动画电影电视有庞大的受众，通常也会打造相应的衍生品产业链。各式交通车、工程车、飞机、坦克和变形机器人等玩具深受市场的欢迎。图6-3和图6-4所示为动画电影的衍生玩具。

图6-3

13cm

7.5cm　　16.5cm

图6-4

　　本案例介绍压路机玩具车的建模和渲染，参考实物是压路机玩具车，如图6-5所示。

　　这是一个可拆卸的压路机玩具车，车轮可滚动，压轮部件可抬起，能进行批量工业生产。建模时，尽量按照构件造型和功能来组成不同模块。例如，该玩具可以分为驾驶舱、车身主体、底盘、车轮、压轮、连接结构等几个部件，每个部件先建基本形，再在大形上增减细节，逐步细化。

　　玩具的棱角不能太锐利，避免伤害儿童。模型的转折部位可用倒角工具做弧度处理，平缓转角部位。不提倡用平滑命令来做出弧度，因为这会增加很多面数，而且进行布尔运算后的物体再

图6-5

做平滑，其造型易被破坏。

　　本案例是根据实物做三维模型，需自行拍摄三视图。投影三视图的拍摄有严格的规范，普通读者手动拍摄很难达到要求。通常因拍摄器材和场地的限制、视点的偏移、拍摄距离远近不一等，自行拍摄出的照片和规范投影视图有一定的偏差。在这种情况下，建模时可以侧视图为准，正视图和顶视图做辅助参考用；必要时可手动调整，略有偏差影响不大。

6.1.2　学习内容

　　观察和分析模型，寻找最佳建模方案，培养逻辑思维。学习创建机械模型的三维建模工具和方法。
　　课程目标：
　　（1）了解机械形态的造型特征，掌握机械造型的建模思路，学习机械建模的工具运用和制作技巧；
　　（2）根据参考的实体模型，完成数字模型制作，提高自主解决问题的能力。
　　主要命令：布尔运算、插入循环性边、倒角、挤出等。
　　主要知识点：三视图的导入和调整、利用布尔运算工具制作复杂造型、利用面片挤出厚度、改变物体轴心位置后的旋转复制、产品效果的渲染、渲染时的补光遮光技巧等。

6.2　压路机玩具车建模与渲染操作

6.2.1　导入和调整三视图

　　建模前要导入参考图，用以确立各部件结构的造型和尺寸。三视图的大小比例不一致是在工作中经常会遇到的问题。解决思路是利用一个立方体来模拟车身的长、宽和高，三视图则参照立方体来调整大小。

　　（1）激活侧视图，执行"视图>图像平面>导入图像"命令，导入压路机玩具车的侧视参考图，如图6-6所示。执行同样的操作，分别在顶视图和前视图导入对应的参考图片，如图6-7所示。

图6-6

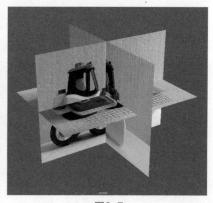
图6-7

　　（2）创建一个立方体，把x轴坐标设置为0，并在侧视图调整立方体的长、高，使其与参考图的车身部分相同，如图6-8所示。此时立方体的长度和高度可以确定，但宽度尚不能确定，需要顶视参考图来辅助定位。以立方体为参照，调整顶视参考图的大小和位置，让顶视参考图的车身长度等同立方体长度；

然后以顶视参考图的车身宽度为参考，调整立方体的宽度，如图6-9所示。至此，立方体的长、高、宽都已确定。

图6-8　　　　　　　　　　　　　　　　　　图6-9

（3）以立方体为参考，调整前视参考图的大小和位置，如图6-10所示。然后将3张参考图分别推后，留出建模空间，如图6-11所示。最后建立一个新层，把三视图放进其中并进行可视化冻结，以避免误移动。立方体已完成定位功能，可删去。

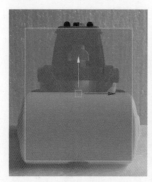

图6-10　　　　　　　　　　　　　　图6-11

6.2.2　驾驶舱建模

驾驶舱外形是三面镂空的梯形，车窗边框带有弧度并向外凸起。制作思路是在一个有厚度的梯形面片上进行布尔运算剪出车窗，再在内框挤出窗框的厚度。

（1）建立一个立方体，参照侧、前视图的驾驶舱将其调整为梯形，如图6-12～图6-14所示。

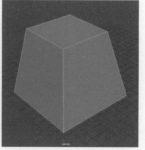

图6-12　　　　　　　　　　图6-13　　　　　　　　　　图6-14

（2）删除立方体的底面，并执行"编辑网格>倒角工具"命令对侧边进行倒角，使驾驶舱外壳形成适当的弧度，如图6-15所示。选择物体，执行"编辑网格>挤出"命令，将"厚度"参数设置为"0.15"，挤出舱壁的厚度，如图6-16所示。

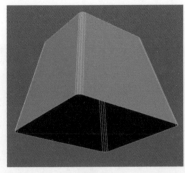

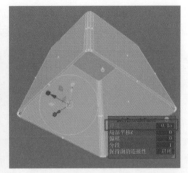

| 图6-15 | 图6-16 |

（3）创建两个立方体，利用倒角工具进行适当倒角，调整出车窗外形，如图6-17和图6-18所示。再执行"网格>布尔>差集"命令，挖出侧边车窗形状，如图6-19所示。

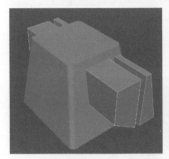
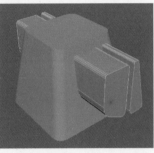

| 图6-17 | 图6-18 | 图6-19 |

（4）执行同样的操作，把前方的车窗形状也制作出来，如图6-20～图6-22所示。

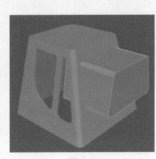
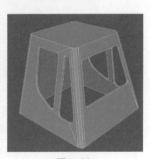

| 图6-20 | 图6-21 | 图6-22 |

（5）选择其中一个车窗的内侧面，如图6-23所示执行"挤出"命令，将"局部平移Z"参数设为"0.15"，挤出一个厚度，如图6-24所示。另一种建模方法是在内侧面执行"挤出"命令后，在通道盒中将"缩放X""缩放Y""缩放Z"参数都改为"0.95"。

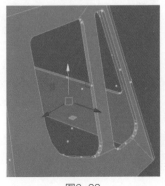

| 图6-23 | 图6-24 |

（6）选择该厚度的外侧面，执行"挤出"命令，向外挤出车窗边缘的凸出形状，如图6-25所示。使用同样的方法把其他车窗的凸出部分也挤出来，效果如图6-26所示。

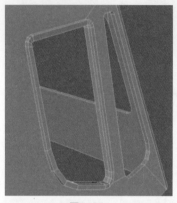

图6-25　　　　　　　　　　　　　　　　图6-26

（7）制作车顶。在上方创建一个立方体，在顶部执行两次"挤出"命令，制作梯形状，调整形状如图6-27所示。用类似的操作在底部挤出一个凹槽，如图6-28所示。

图6-27　　　　　　　　　　　　　　　　图6-28

（8）执行"网格工具>插入循环边"命令，添加两条结构线。在侧视图将点对齐后，将前端的点向下调整为图6-29所示的形状。选择相应的边进行倒角，制作出玩具折角处的弧度，效果如图6-30所示。

图6-29　　　　　　　　　　　　　　　　图6-30

（9）制作车灯。建立一个端面为2的圆柱体，调整内圈结构线并将内端面挤出适当长度；压扁末端的面，插入3条循环边，分别向下调整结构点，制作流程如图6-31所示。车灯摆放效果如图6-32所示，底部被遮掩的面可用布尔运算删去。

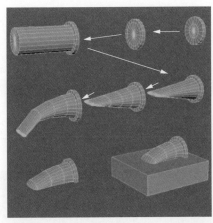

图6-31

图6-32

（10）制作螺钉。建立1个六棱柱、2个普通圆柱体和2个立方体，全在坐标零点处对齐并进行摆放。选择六棱柱，执行"布尔"命令，逐一减去立方体和小圆柱体，建出螺钉的基本型。将螺钉边缘适当倒角，并执行"网格>结合"命令将各物体组合到一起，方便今后复制使用。制作流程如图6-33所示。再创建一个圆环结构，把螺钉摆放在驾驶舱顶部，效果如图6-34所示。

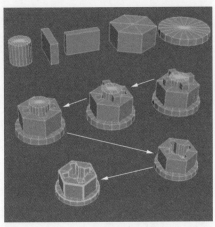

图6-33

图6-34

（11）创建一个"深度细分数"为"9"的多边形，参考驾驶舱下部轮廓进行形状调整，如图6-35所示。进行布尔运算后，驾驶舱最终效果如图6-36所示。可将驾驶舱放置在通道盒的新层以备用。

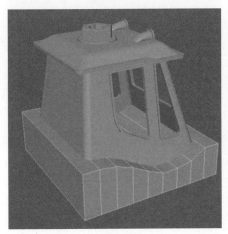

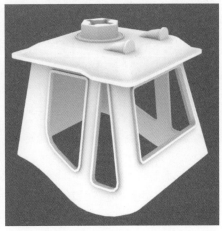

图6-35

图6-36

6.2.3 车身主体建模

车身中的底厢和前盖的结构是一体的，也是整个模型中最复杂的部分。制作时可用立方体调出底厢的面片形状，再加线挤出车前盖基本型，挡泥板处的凹槽可以用布尔运算制作。完成车身整体面片后，再统一挤出车壳的厚度。尾箱部件呈块状，制作难度不高，可以单独拓扑出。

（1）创建一个"高度细分数"为"2"，"深度细分数"为"9"的立方体，调整形状如图6-37和图6-38所示。

图6-37   图6-38

（2）进行实例复制，以便在调整一边的形状时，另一边也同步对称调整。删去一半的面，并把底面去掉，如图6-39所示。执行"编辑>特殊复制"命令，把"几何体类型"设为"实例"，"缩放"设为-1，制作出复制体，如图6-40所示。

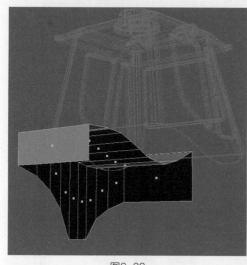 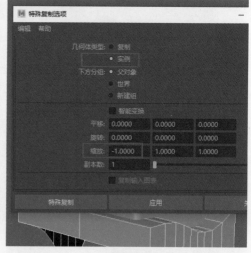

图6-39   图6-40

（3）执行"网格工具>插入循环边"命令，插入一条结构线，把外侧的点调低，将前后端的边内收，如图6-41所示。选择适当的边进行倒角，效果如图6-42所示。

（4）执行"插入循环边"命令，插入横、竖两条结构线，如图6-43所示。选择新形成的面向前挤出，建出挡泥板的大形，效果如图6-44所示。

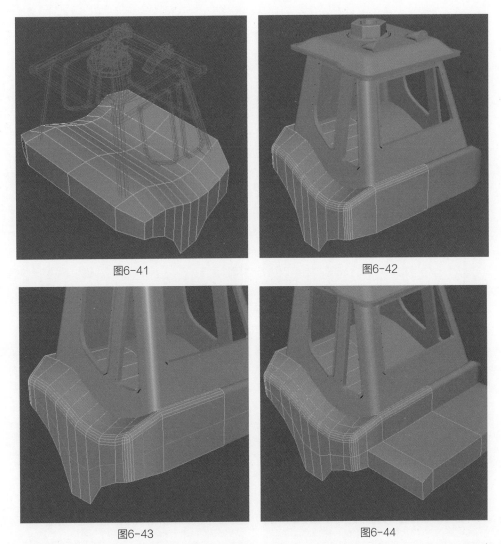

图6-41　　　　　　　　　　　　　　　图6-42

图6-43　　　　　　　　　　　　　　　图6-44

（5）再插入两条结构线，调整挡泥板形状如图6-45所示。删掉挡泥板底面，将挡泥板前端向下挤出一个面，并对适当的转折边进行倒角，如图6-46所示。

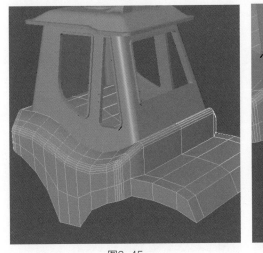

图6-45

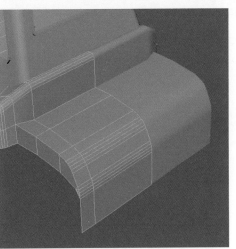

图6-46

（6）创建一个圆柱体，挤出两个面，大小和位置如图6-47和图6-48所示。

图6-47

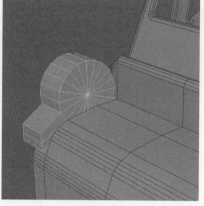

图6-48

（7）利用布尔运算挖出螺丝位置的空间，效果如图6-49所示。进行布尔运算后，实例复制的另一半也会消失（小贴士：如有物体变黑的情况，则可以执行"网格显示>反向"命令反转法线来解决）。接着修整模型，执行"网格工具>目标焊接"命令，把接近的点焊接在一起，以便后面进行倒角，如图6-50所示。

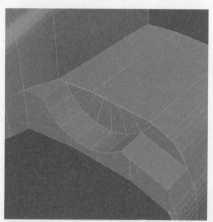

图6-49

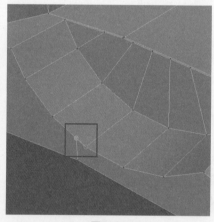

图6-50

（8）镜像合并另一半的物体。选择物体，执行"网格>镜像"命令，将"镜像方向"设为"-"，其他选项设置如图6-51所示。镜像合并后的效果如图6-52所示。（小贴士：也可把两半物体合并为一个物体，再合并中间重合的点）

图6-51

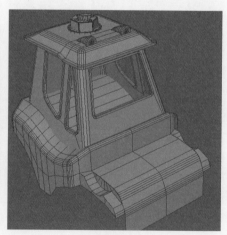

图6-52

（9）选择物体，执行"挤出"命令，将"厚度"参数设为"0.15"，挤出车体外壳的厚度（小贴士：向内挤出0.15的厚度，再进行法线反转，也可保持当前所见形状不变形），如图6-53所示。选择适宜的边进行倒角，制作出较为圆滑的结构边缘，效果如图6-54所示。

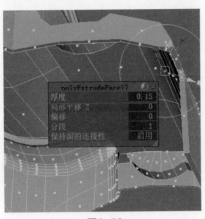
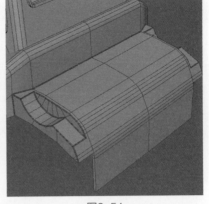

图6-53　　　　　　　　　　　　　　　　　　　图6-54

（10）创建一个立方体和一个圆柱体，调整两者高度使其相等，圆柱体的端面比螺钉略大，如图6-55所示。将立方体和圆柱体各复制一份，位置和大小的调整如图6-56所示。

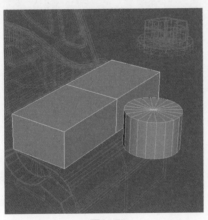
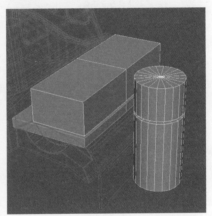

图6-55　　　　　　　　　　　　　　　　　　　图6-56

（11）执行"倒角"命令（"偏移类型"设为"绝对"），对两个立方体的侧边进行相同数值的倒角；同理，对上层立方体和圆柱体顶面的边也进行相同数值的倒角，如图6-57所示。执行"网格工具>多切割"命令，按住"Shift"键在上层立方体上加4条结构线，并挤出两个凸起结构面，如图6-58所示。

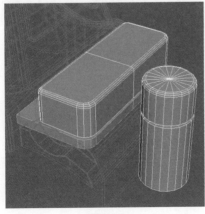

图6-57　　　　　　　　　　　　　　　　　　　图6-58

（12）调整立方体和圆柱体的位置，把驾驶舱制作好的螺钉复制一份并将其移到圆柱体上方，如图6-59所示。压路机玩具车车身主体的前面部分完成，效果如图6-60所示。

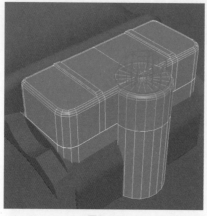

图6-59

图6-60

（13）对照参考图创建一个"高度细分数"为"6"的立方体，调整结构，如图6-61和图6-62所示。

图6-61

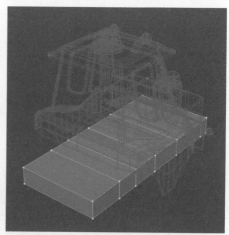

图6-62

（14）执行"挤出"命令进行适当调整，做出底盘的大体形状，如图6-63所示。对尾部边缘进行倒角，并利用布尔运算挖出一个凹形，如图6-64所示。

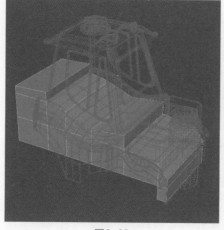

图6-63

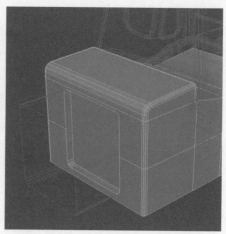

图6-64

（15）创建1个扁平的立方体和6个棍状立方体，放置在尾部的凹槽中，做出散热窗形状，如图6-65所示。把制作好的螺钉复制一份并进行放置，车身主体形状如图6-66所示。

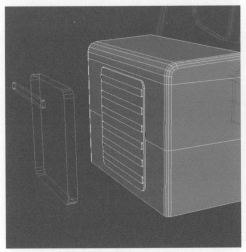

图6-65

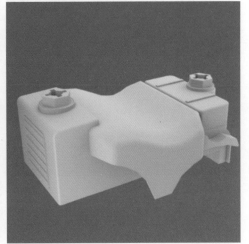

图6-66

6.2.4 底盘建模

底盘主要由车轴、底盘箱和螺钉装置等部件构成，结构的实拍照片如图6-67和图6-68所示。底盘各部件形状主要呈圆柱体和立方体等基本型，制作难度不高。由于车身、车轮的遮盖，底盘露出的部位不多。在实际应用中，如果从渲染角度看不到底盘，一般车辆底盘的结构就不需要做得太细致。

图6-67

图6-68

（1）车轴的建模。执行"创建>多边形>管道"命令，创建一个管道物体，半径和厚度参考图6-69，"高度细分数"设为"4"，调整为中间鼓起的桶状，如图6-70所示。

（2）在管道两侧各插入两条循环边，调出边缘的突起环状；再对外侧边进行倒角，效果如图6-71所示。创建一个略长的小管道，进行倒角后放置在桶状物中心，车轴制作完成，如图6-72所示。

（3）创建一个"轴向细分数"为"4"的立方体，调整前后两端形状使其略鼓出，对应车轴弧度，如图6-73所示。在顶面插入两条结构线，在侧面插入3条结构线，挤出一级台阶，如图6-74所示。

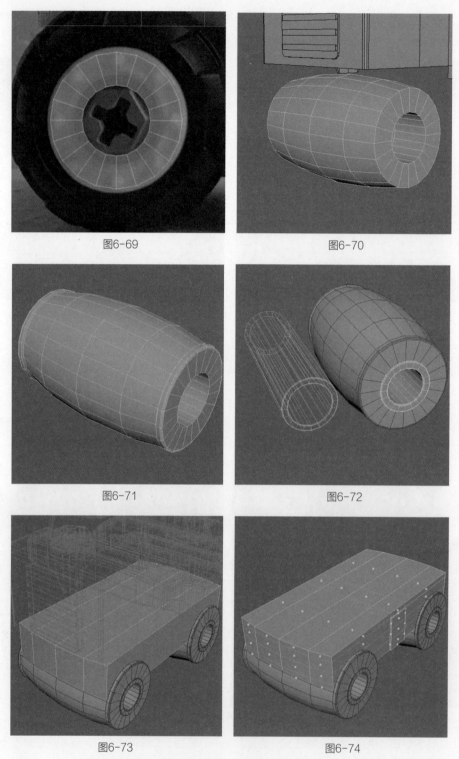

图6-69

图6-70

图6-71

图6-72

图6-73

图6-74

（4）挤出二、三级台阶，并对适当的边进行倒角，效果如图6-75所示。此时，方块的形状穿过了车轴的孔道，可以创建一个圆柱体，进行布尔运算减去穿插部分，效果如图6-76所示。

（5）制作螺钉装置。复制一份螺钉模型，放置在栅格坐标的（0,0）点；再创建一个管道将螺钉围住，如图6-77所示。创建一个边数为6的棱柱，放置在管道上，并按"D"键把物体坐标轴调到栅格的（0,0）点，如图6-78所示。

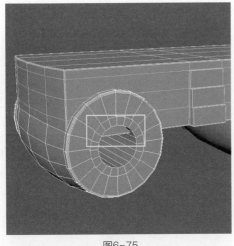

图6-75

图6-76

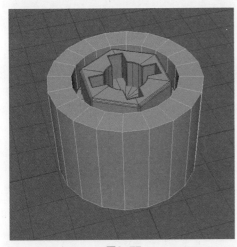

图6-77

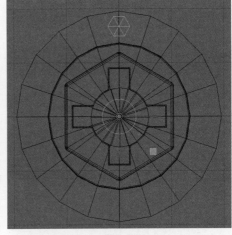

图6-78

（6）选择六棱柱，执行"编辑>特殊复制"命令，选择沿y轴旋转45度，"副本数"设为"7"；沿着（0,0）点复制出一圈六棱柱，如图6-79所示。将螺钉、管道和圆柱体合并；放置在车底，如图6-80所示。和车轴孔有穿插的部位可用布尔运算减去。

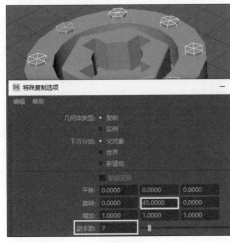

图6-79

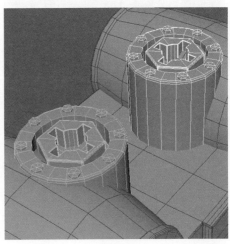

图6-80

（7）创建一些小管道，步骤和摆放如图6-81所示。工程车的底座完成后，效果如图6-82所示。

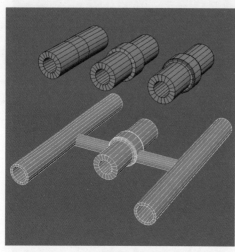

图6-81

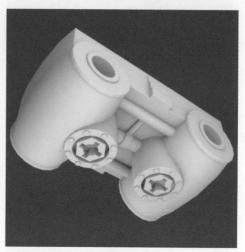

图6-82

6.2.5 车轮建模

车轮是容易吸引注意力的部件，制作时应尽量丰富细节和结构层次。小螺钉的安放和轮胎花纹的制作都会用到沿着轴心旋转复制的建模方法，为避免出错，模型和轴心都应尽量位于网格的（0,0）点。轮胎花纹制作涉及的多物体布尔运算也是一个容易出错的环节，本节具体列举了布尔运算出错在各种情况下的解决方法。

（1）创建一个"高度细分数"为"4"的管状体，把外轮的结构线拉开并调整为鼓起，形状大小如图6-83和图6-84所示。

图6-83

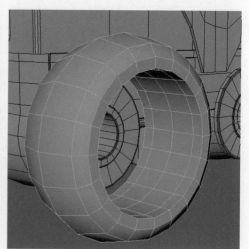

图6-84

（2）选择内圈的面，挤出一个厚度，如图6-85所示。添加两条结构线，再挤出一个厚度，如图6-86所示。

（3）制作轮胎花纹。建模流程涉及物件旋转复制，在坐标原点操作会比较方便。将车轮移动到栅格坐标的（0,0）点；倒角结构边，如图6-87所示。再执行"网格>平滑"命令，使轮胎更圆滑（小贴士：先倒角再平滑是为了卡线，保证平滑后结构线不会松）。然后创建一个小立方体，调整结构点，如图6-88所示。

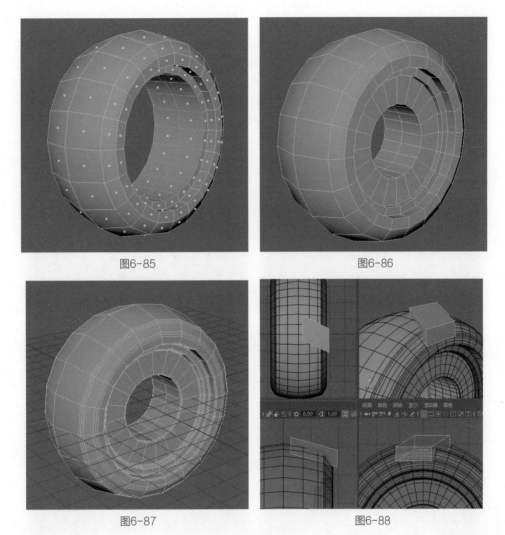

图6-85

图6-86

图6-87

图6-88

（4）选择小立方体，按"D"键把物体坐标轴调到栅格的（0,0）点。执行"编辑>特殊复制"命令，选择沿x轴旋转45度，"副本数"为"7"，复制出一圈小立方体，如图6-89所示。执行"网格>结合"命令合并这8个立方体，按"Ctrl+D"组合键复制一份；在通道盒中设置沿x轴缩放"-1"；推到对面并略旋转，最终效果如图6-90所示。

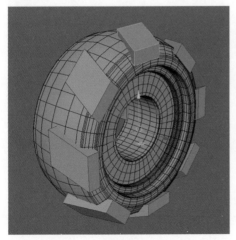

图6-89

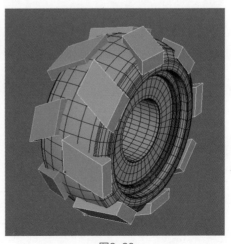

图6-90

（5）将两圈16个小立方体通过执行"网格>结合"命令合并为一个物体。先后选择车轮物体和结合后的小立方体，执行"网格>布尔>差集"命令，轮胎纹理制作完成（小贴士：建模有时会遇到布尔运算出错问题，这是由于计算条件过于复杂或者发生冲突。要解决这个问题，尽量让布尔运算的条件变得简洁。通常做法是：每次布尔运算前，将物体的创建历史参数删除；如果要操作的对象是多个，而且彼此之间没有重叠部分，则最好先将这些对象合并为一个物体后再进行布尔运算，减少运算次数；如果要进行布尔运算的对象是多个，而且彼此有重叠部分，则最好逐个对象进行布尔运算，避免产生计算冲突。有时尝试选用旧版布尔算法，反转法线或逐一变换差集、并集、交集等模式，也可得到想要的布尔运算结果）。复制一份螺钉模型放置到中心，并制作垫环结构，如图6-91所示。对垫环结构进行倒角和平滑，再加上8颗小钉子，如图6-92所示。

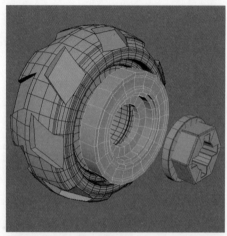

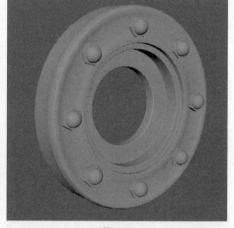

图6-91　　　　　　　　　　　　　　　　　　图6-92

（6）车轮制作完成，效果如图6-93所示。压路机玩具车主体部分的效果如图6-94所示。

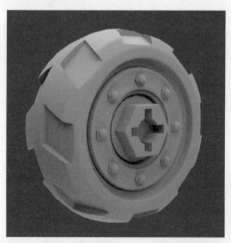

图6-93　　　　　　　　　　　　　　　　　　图6-94

6.2.6　压轮建模

压轮部件的建模难度不高，基本制作方法是在大形上加线挤出厚度。

（1）创建一个圆柱体做滚轮，用布尔运算减去一个直径类似螺钉大小的圆柱体，在滚轮上挖一个洞，如图6-95所示。进行倒角并放置螺钉，效果如图6-96所示。

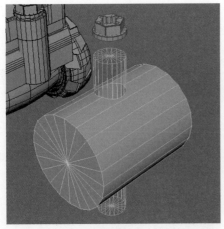

图6-95

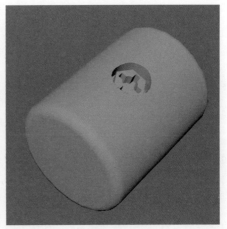

图6-96

（2）创建一个平面，挤出两侧的边并进行倒角；再选择整个物体挤出厚度，调整内侧的结构点，增加正面的厚度。建模步骤和效果如图6-97所示。继续添加结构线，挤出小突起，制作步骤如图6-98所示。

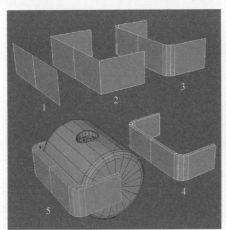

图6-97

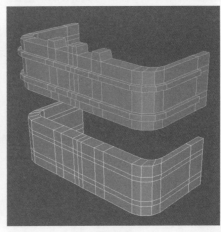

图6-98

（3）建立一个"端面细分数"为"4"的扁柱体，挤出形状并摆放，如图6-99所示。创建一个比螺钉帽略大的圆柱体，删去一半的面，执行"网格工具>附加到多边形"命令进行补面封闭；然后分别挤出长度和宽度，进行倒角并用布尔运算挖洞。制作步骤与效果如图6-100所示。

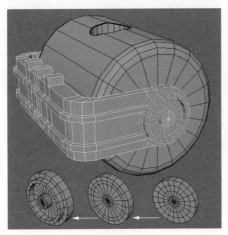

图6-99

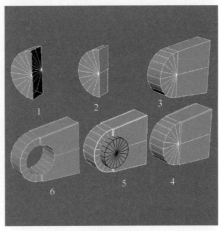

图6-100

（4）制作圆环状的螺帽。创建一个管状物，插入两条循环边，在正反面分别挤出突出形状。在螺帽的底部挤出钉身，放置如图6-101所示（小贴士：螺帽顶端的面此时无法再插入循环线，可选择底面执行"挤出"命令，制作一圈结构线）。复制配件并摆放好，压轮制作完成，渲染后效果如图6-102所示。

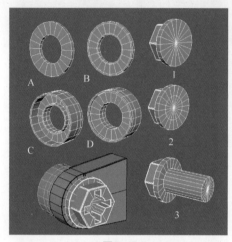

图6-101

图6-102

6.2.7　连接结构建模

两个螺帽之间的连接结构同时有横向和纵向的转折。如果用传统的结构点在横、纵向旋转建模的方法，就容易出现扭曲面。解决思路是用竖立的结构布线完成竖折造型，解决面扭曲问题。

（1）将两个具有螺帽功能的圆环放置好，然后创建一个"轴向细分数"为"3"的平面，如图6-103所示。在顶视图平移面片的结构点，形成三折的形状，两端分别对准圆环的中心，如图6-104所示。

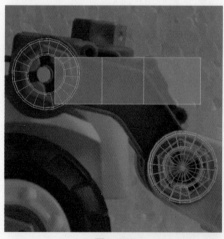

图6-103

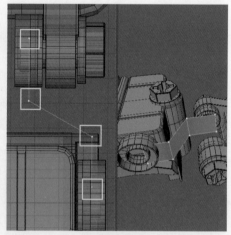

图6-104

（2）选择平面，执行"网格>平滑"命令两次，增加更多结构线，同时也使转折部位变得平缓，如图6-105所示。但结构点太多也会影响形状的调整，所以需要去掉一些不需要的点。删除面片中的横向线和点，再用缩放工具在顶视图把圆环连接位的点压直，如图6-106所示。

（3）调整点的形状使平面对齐参考图，注意立面的结构线要保持竖直，如图6-107所示。选择整个面片并执行"挤出"命令，在世界坐标中挤出一个厚度，如图6-108所示。（小贴士：该造型比较复杂，在水平和竖直方向都带弧度并有多次挤出，很容易出现参差扭曲现象，所以在面片挤出时要选择世界坐标，这样可使厚度的结构线保持水平，模型布线更整洁）

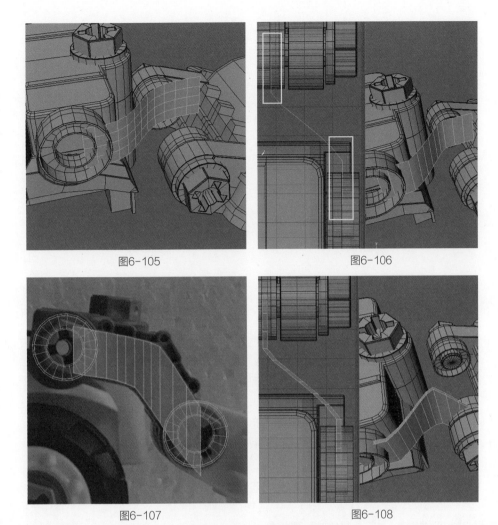

图6-105

图6-106

图6-107

图6-108

（4）上下各插入一条循环边，在世界坐标中挤出顶面和底面的结构，如图6-109所示。进行倒角和平滑后，用布尔运算减去穿插的面，再和圆环结合到一起，效果如图6-110所示。

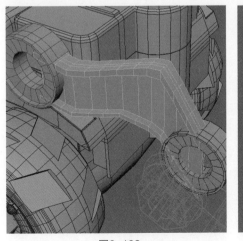

图6-109

图6-110

（5）创建一些装饰小配件，步骤和形状如图6-111所示（小贴士：一些长方体需要弯曲效果时，可以选择所有涉及弯曲的点，按"D"键把这些点的轴心更改到弯曲部位，再用旋转工具进行旋转）。把装饰配件摆放调整好后进行倒角，然后合并到一起。加上螺钉，连接结构就制作好了，渲染后效果如图6-112所示。

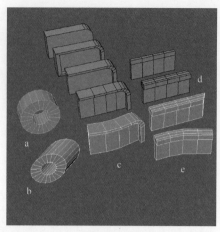

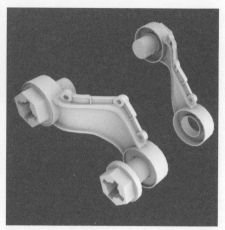

图6-111　　　　　　　　　　　　　　　　　　图6-112

6.2.8 工程车的Arnold渲染

Arnold渲染器是一款基于物理算法的电影级别渲染引擎，也是当前很多电影公司及工作室使用的主流渲染器。

Arnold渲染的核心操作是"灯光+材质"。本案例介绍的渲染方法由两个环节构成。一个环节是在渲染设置里设置：选择渲染器类型，设置渲染尺寸，增加模拟环境光，调整渲染精度等。另一个环节是在材质编辑器（Hyper Shade）里设置：选择合适的材质球，调整颜色等。

除了本小节介绍的渲染方法，读者也可以用2.2节中介绍的方法进行渲染。

1. Arnold白模渲染

（1）材质编辑器设置。执行"窗口>渲染编辑器>Hypershade"命令，创建"Arnold>Shader（着色器）>aiAmbientOcclusion（环境光遮挡）"材质球，如图6-113所示。先选物体，再按住鼠标右键，将该材质球拖曳到物体上，即可将材质球赋予物体。

如需提高渲染精度，则双击该材质球打开属性栏，把"Ambient Occlusion Attributes（环境光遮挡属性）"栏下的"Samples（采样）"调为"5"，如图6-114所示。提高渲染精度后会增加渲染时间。

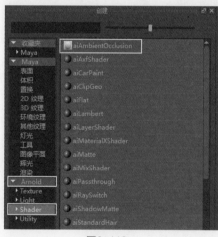

图6-113　　　　　　　　　　　　　　　　　　图6-114

（2）渲染器设置。执行"窗口>渲染编辑器>渲染设置"命令，在"使用以下渲染器渲染"下拉列表中选择"Arnold Renderer"，如图6-115所示，白模渲染即可完成。

在Arnold渲染器中也可设置渲染品质。展开"Sampling（采样）"栏，把"Camera(AA)"由默认的"3"改为"5"，如图6-116所示。（小贴士：把采样数值调高，可以减少噪波，提高渲染精度，但也会大幅加长渲染时间；建议在渲染测试阶段保留默认参数，渲染最终效果时再调高数值）

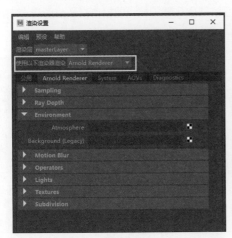

图6-115

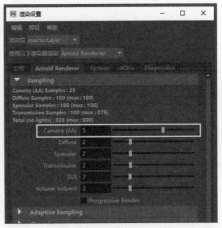

图6-116

（3）丰富渲染层次的设置。虽然白模渲染基本完成，但一些边缘部分可能由于缺少对比物而产生过度曝光的现象，看不清具体结构。此时可以创建一些辅助物体进行遮光或用于产生投影、折射、反射等效果。给压路机玩具车增加一个展台模型和两块挡光板，丰富渲染的层次感，如图6-117所示。

两块挡光板对压轮和驾驶舱顶面进行了部分挡光，可以突出侧方的主光源，让渲染时车的体面结构更清晰。若挡光板离物体较近，容易挡住物体，则可以将挡光板设置为自身不进行渲染，但仍能产生投影、折射、反射效果。单击挡光板，赋予其和工程车相同的材质，在"属性编辑器>pCubeShape1>渲染统计信息"栏中取消勾选"主可见性"选项，如图6-118所示。

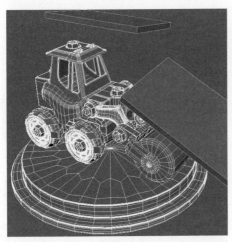

图6-117

图6-118

（4）设置合适的渲染尺寸，最终渲染效果如图6-119所示。

2. Arnold着色渲染

（1）材质编辑器设置。执行"窗口>渲染编辑器>Hypershade"命令，创建"Arnold>Shader（着色器）>aiStandardSurface（标准曲面着色）"材质球，如图6-120所示。双击材质球打开属性栏，将"Base（基础属性）"栏的"Color（颜色）"调整为中灰色，"Specular（镜面反射）"栏的"Roughness（粗糙度）"设置为0，

图6-119

如图6-121所示。（小贴士：Roughness数值体现物体表面的光滑程度，如玻璃、金属等表面光滑的物体的Roughness可为0，水泥墙之类体表粗糙的物体的Roughness可为1）

用同样的操作创建一个材质球，"Color"为黑色，"Roughness"为0.5；再创建另一个材质球，"Color"为橙色，"Roughness"为0。把黑色材质赋予轮胎和驾驶舱，把橙色材质赋予车身主体和车轮的圆环；把中灰色材质赋予展台和玩具车的其余部分。

图6-120

图6-121

（2）渲染器设置。执行"窗口>渲染编辑器>渲染设置"命令，在"使用以下渲染器渲染"下拉列表中选择"Arnold Renderer"；展开"Sampling"栏，把"Camera(AA)"由默认的"3"改为"5"，调高渲染精度；展开"Environment"栏，在"Background(Legacy)"栏中选择"Create Physical Sky Shader"（进行打光选择时，显示"Create Physical Sky Shader"，选择确定之后，显示"aiPhysicalSky"），创建一个物理天光，如图6-122所示。（小贴士：添加光之前，场景是漆黑一片无渲染效果；添加光后，物体白模渲染的背景就不再是黑色）

此时进行渲染，画面会比较暗，这是因为环境光的强度不够。可单击"Background(Legacy)"右侧的小箭头，激活aiPhysicalSky属性，把"Intensity（光强度）"设置为9，如图6-123所示。

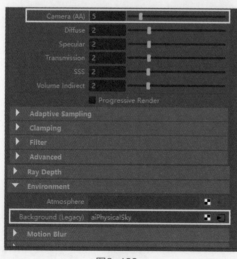

图6-122

图6-123

（3）设置合适的渲染尺寸进行渲染。在保存图像时，勾选"已管理颜色的图像"选项，以避免出现偏色。最终渲染效果如图6-124和图6-125所示。

图6-124   图6-125

6.3 课程作业参考

图6-126～图6-129所示为机械建模主题的课程作业，制图同学分别来自数字媒体技术、数字媒体艺术和动画专业。

图6-126

图 6-127

图 6-128

图6-129

6.4 思考与练习

（1）面对任意机械类的实物或图片，试分析其建模方法。

（2）购买一个工程车或者机器人实体玩具，根据学过的知识，尝试创建三维模型并进行渲染。

（3）以"家国情怀"为主题，为我国航天、航海、国防等领域的先进科技产品进行数字建模，树立民族自豪感。

第7章 动物角色建模案例：卡通小狗

动画角色（Cartoon Character）通常是指动画里以生命形式进行表演的主体。通过角色的演绎去推动剧情发展，可引发观众的情感共鸣。角色的形象塑造很重要，个性化的造型和独特的肢体语言可加深观众的认知度和认同感，为后续的商业品牌开发奠定基础。

根据角色的外形特点，可以分为人物角色和动物角色两大类。人物角色造型都有正常的五官和躯体结构，因各部位的大小比例不一从而拉开个体之间的差异，所以人物角色模型的头部和躯体布线都有最优化的规律可循，在一定程度形成模板化。动物角色的形态各异，有的有翅膀，有的有尾巴，不同物种之间差异较大，故动物角色模型没有固定的布线模板。

以动物为主角的电影很多，如《疯狂动物城》、功夫熊猫系列、《熊出没》等。写实类的动物角色模型的布线和该物种的骨骼、肌肉结构特征有紧密联系。创建模型时不仅要还原外表形态，还要根据对象的运动规律安排布线走向，让模型在绑定骨骼后能自如做出肢体伸屈运动。如果是卡通的拟人动物角色，则大多造型既具有动物的形态特征，又具有丰富的拟人表情和动作。拟人动物模型的头部布线可以参考人类脸部肌肉构造，要能做出张口、微笑、皱眉等表情。拟人动物模型的四肢则根据故事设定来决定是否需要采用类人的身体骨骼。例如，《马达加斯加》动画中的两位主角狮子Alex和河马Gloria是人行站立活动，另外两位主角斑马Marty和长颈鹿Melman则仍保持兽类四足着地的立姿。对于虚构的怪物角色，要保证形态设计上的合理性。例如，类似《阿凡达》电影中的六腿马或者四翼飞龙等虚构生物，也是在真实的马或鸟等现实生物骨骼上进行合理化加工制作出来的。图7-1和图7-2所示为电影的剧照。

图7-1

图7-2

本章讲解卡通小狗的建模。在建模前先完成关于动物外形、骨骼构造、运动姿态等资料的收集工作；建模时先搭建躯体基本型，再细化头部布线和拓伸四肢模型。通过对本章案例的学习，读者可了解动物建模的流程，掌握生物自由形的建模技巧，具备对各种虚拟生物造型进行合理化布线的建模能力。

本章要点

- 动物角色的基本特征。
- 动物角色的建模思路。
- 卡通小狗的建模。
- 卡通小狗的UV拆分和贴图绘制。

微课视频

7.1 卡通小狗建模案例分析

7.1.1 建模思路

本章的案例是卡通小狗（以柯基为例）的建模，参考效果如图7-3和图7-4所示。柯基小狗的特征比较明显：头部像狐狸，两颊消瘦，嘴巴较尖；耳朵较大，呈三角形，直立不会耷拉下来；短腿、大屁股，体型矮小但匀称且壮，胸深而阔，胸骨突出；背部毛色是单一的黄褐色，吻部、下腹部和爪子通常是白色。

图7-3

图7-4

狗是趾行动物，用前肢的指或后肢趾的末端两节着地行走。狗类的膝盖骨贴着身体，运动幅度不大；踝关节较高，位于腿的中部，向后弯曲，是主要的运动关节。人们常说小狗的膝盖向后弯，其实指的是腕关节和踝关节后弯，在建模时也应注意做出腿中部向后的造型。狗的腿部形态如图7-5和图7-6所示。

图7-5

图7-6

本案例的小狗体型是圆柱体，可以用正方形平滑后的基本型一次做好外形，避免后面加线时调整大形有难度（小贴士：正方体平滑后是很好的基本型，可以保持拓展为方体、圆柱体、球体的造型空间，而且端面布线是合理的四边形；而圆柱体或球体的端面布线是发射状的，呈三角形，拓扑空间有限制）。小狗的腿部可以从躯体部分进行挤出塑造，注意腿和躯体的布线要连贯，要能展示肌肉的延伸性。

在UV拆分时，动画拆UV和游戏拆UV有明显不同。低模游戏需要手绘贴图，拆分UV形状要考虑绘制的方便程度。本案例是卡通造型，只需单色块平涂，所以可以不用考虑绘制，平摊拆分UV就可以。

以卡通柯基小狗为主题的动画片也比较多，可参考动画电影《女王的柯基》和动画电视《飞狗MOCO》等，多方位观察小狗的造型结构。

7.1.2 学习内容

根据小狗的三视图进行规范建模。先了解小狗的骨骼构造，了解生物建模的头部和躯体布线规律。
课程目标：
（1）了解生物自由形的特征和建模特点，学习更高难度的生物建模技巧；
（2）通过完成喜欢的角色的三维建模，培养对三维学习的好感和成就感。
主要命令：挤出、多切割、圆形圆角。
主要知识点：生物模型的UV拆分、镜像对称建模、了解趾行动物的身体结构特征、依照参考图建模、生物模型的布线、躯体和四肢的建模关系等。

7.2 卡通小狗建模与贴图操作

7.2.1 头部和躯体大形建模

（1）激活侧视图，执行"视图>图像平面>导入图像"命令，导入小狗的侧视参考图。在透视图中选中图片，放大2倍并向x轴推远，留出建模空间，如图7-7所示；创建一个正方形，x轴坐标为0，缩放到小狗头部大小，如图7-8所示。

图7-7 图7-8

（2）将正方形旋转到小狗头部方向，执行"网格>平滑"命令添加结构线，如图7-9所示；并对照参考图调整结构，颈部和前脸部的结构面大致拉平，如图7-10所示。
（3）选择前段的4个面，按世界坐标执行"挤出"命令，将前段挤压对齐到同一个平面上；再将这4个面进行旋转和缩小，做出脸颊部位，如图7-11所示（小贴士：挤出时如果按对象坐标模式，则无法把那4个面对齐，只有在世界坐标模式才可以对齐）。用同样的办法挤出鼻子部位，效果如图7-12所示。

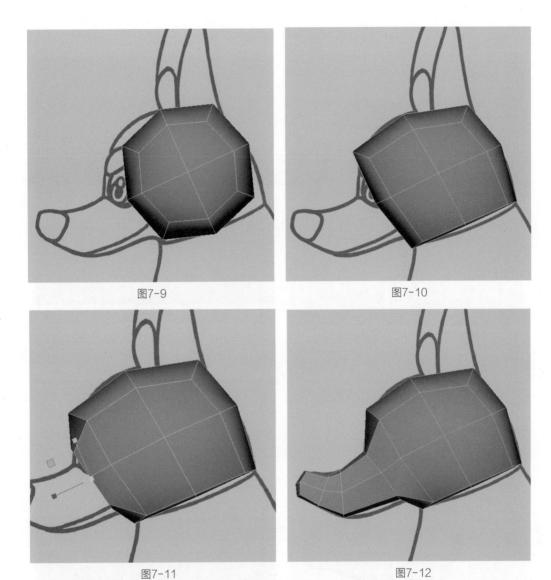

图7-9

图7-10

图7-11

图7-12

（4）调整结构点，效果如图7-13和图7-14所示。

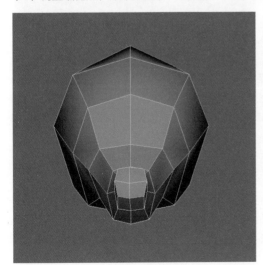

图7-13

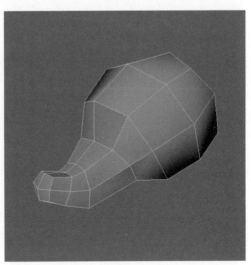

图7-14

（5）选择下端4个面，如图7-15所示，挤出胸脖部位，效果如图7-16所示。

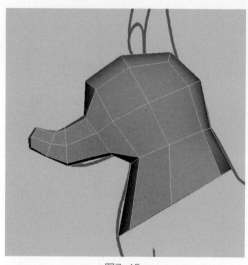

图7-15

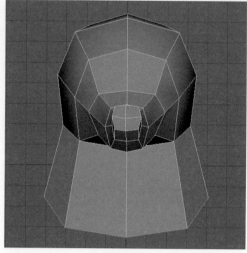

图7-16

（6）用同样的方法依次挤出躯体其他部分。胸脖部位比较硕大，腹部尾部略消瘦，效果如图7-17和图7-18所示。

图7-17

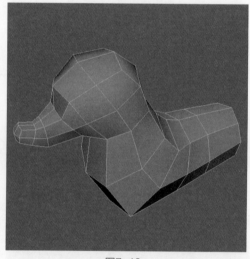

图7-18

（7）整体缩放塑造躯体大形的环节已经完成，可以利用对称的实例复制来塑造细部环节（小贴士：在制作过程中，身体中心有些结构点可能发生了位移，不再在同一平面上。通常在进行对称实例复制或者合并模型前，先用缩放工具进行结构点的对齐）。删除模型一半的面，选择身体最内侧一圈所有的点，用缩放工具沿着x轴进行对齐操作，然后吸附在中央栅格，效果如图7-19所示。选择小狗身体，按住"D"键激活物体轴心编辑功能，把轴心也吸附对齐到中央栅格。最后选择模型，执行"编辑 > 特殊复制"命令，在选项窗口中选择"实例"复制类型，复制出另一半实例关联的身体，如图7-20所示。

（8）在嘴巴处加入两条结构线，如图7-21所示，调整位置后挤出下颌，如图7-22所示。

（9）连续进行挤出操作，完成小狗下颌部位的制作。挤出操作产生了中间的面，删去多出的面，用缩放工具沿着x轴对齐边缘的点，再进行镜像复制。最后在脖子处加一圈结构线，调整后效果如图7-23和图7-24所示。

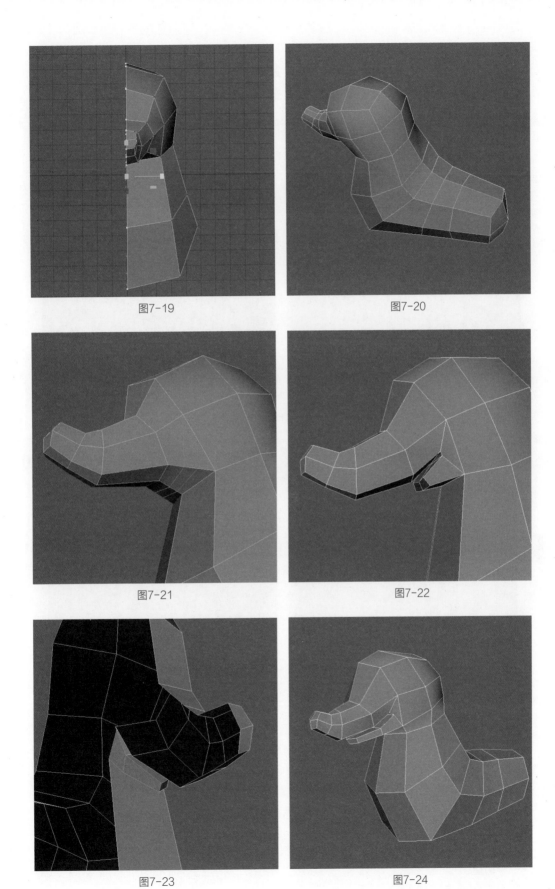

图7-19

图7-20

图7-21

图7-22

图7-23

图7-24

7.2.2　耳朵建模

（1）眼睛、耳朵和四肢部位的建模都需要更多的结构线。执行"网格>平滑"命令添加结构线，选择耳朵部位的面，如图7-25所示，用世界坐标挤出耳朵的高度，如图7-26所示。

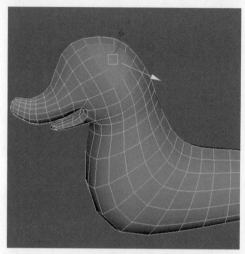
图7-25

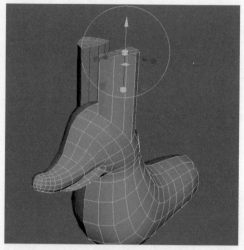
图7-26

（2）将耳朵上方的点收缩，使其形状变尖。在耳朵中部加一圈结构线，按住"D"键激活编辑轴心状态，调整轴心的方向使其和耳朵结构线一致，如图7-27所示，用缩放工具横向扩大耳朵中部，如图7-28所示。（小贴士：因为耳朵有一定的倾斜角度，和世界坐标并不一致，所以需要调整结构线的轴心方向来匹配耳朵的方向）

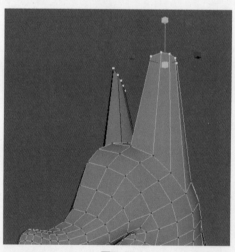
图7-27

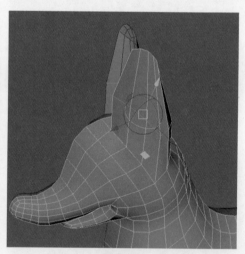
图7-28

（3）在耳朵底部添加一圈结构线，前方的面用对象坐标原地挤出一环略小的面，再向后挤出耳洞，如图7-29和图7-30所示。

（4）耳朵尖的结构点比较多，有碍造型的流畅度，可执行"网格工具>目标焊接"命令，合并过于接近的点，如图7-31所示，再执行"多切割"命令，梳理布线，如图7-32所示。

（5）耳朵的横向结构线比较少，执行"多切割"命令，在视图空白处单击并按住鼠标左键画出一条直线，就可插入一圈结构线（小贴士：耳朵上方由于有三角面存在，所以无法插入环形结构线，可用执行"多切割"命令切直线的方法来解决），如图7-33所示。再执行"网格工具>插入循环边"命令，在耳朵下方加一圈环形结构线，效果如图7-34所示。

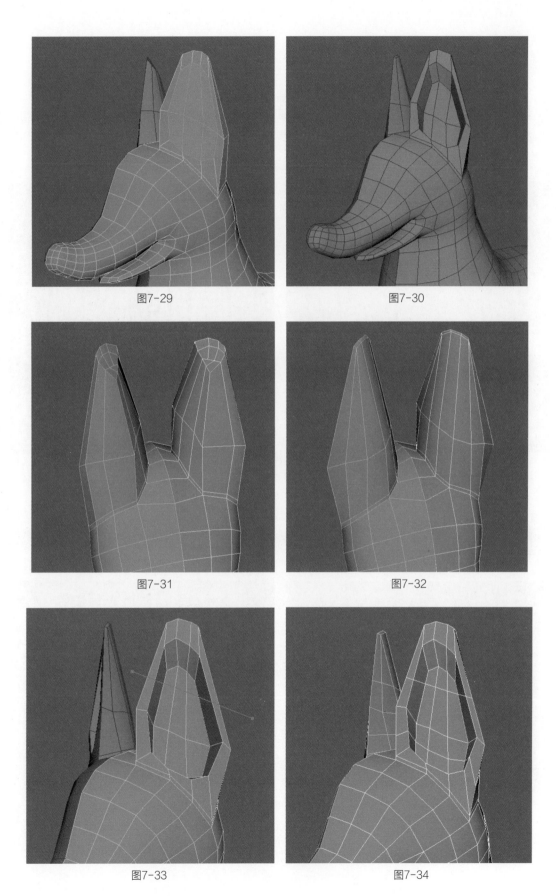

图7-29

图7-30

图7-31

图7-32

图7-33

图7-34

7.2.3 眼睛建模

（1）观察参考图，调整头部的结构布线，给眼睛留出空间。选择前方的6个面，在对象坐标下原地挤出一圈结构线，如图7-35所示。然后按住"Shift+鼠标右键"，选择"圆形圆角组件"选项，把这圈结构线变为圆形以作眼洞；调整"径向偏移"为"-0.4"，将"对齐"设为"曲面（平均）"（选择后框内变为空白），让圆形的结构点更适合曲面，如图7-36所示。

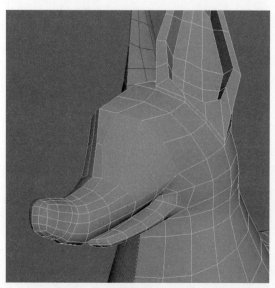

图7-35

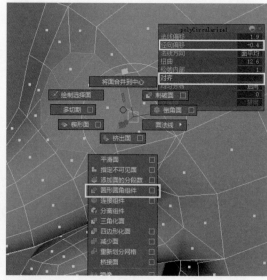

图7-36

（2）将眼洞的面向后挤出，形成眼洞的纵深空间；再在眼洞和眼眶位置各插入一圈结构线，如图7-37所示。放进一个圆球作为眼球，调节周边结构点，做到不留缝隙均匀包住眼球，并调出眼眶的形状和厚度（小贴士：调节眼睛部位的点时，可不断按"3"键观察圆滑的效果）。调好结构后再复制一个眼球，放在另一个眼洞中，效果如图7-38所示。

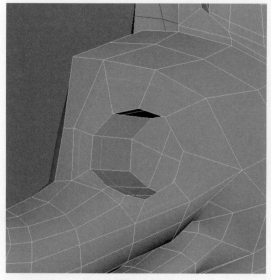

图7-37

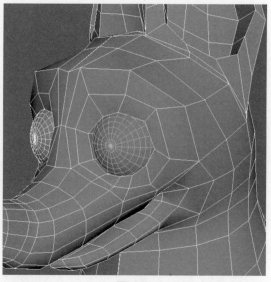

图7-38

7.2.4 躯体和四肢建模

（1）原先的躯体大形呈较为规范的圆柱体，并不符合小狗的真实体型，应进行调整。从顶面看，小狗前后腿的大腿部位突起，小腹收缩，如图7-39所示（左侧为调整后，右侧为调整前）。

（2）从侧面看，小狗背部和腹部比较平缓，前胸部比较发达突起；另考虑到衔接大腿的结构需要，调整两条结构线居于大腿的中间，如图7-40所示（左下方为调整后，右上方为调整前）。（小贴士：由于此时面数比较多，调整个别点、线容易造成模型表面参差不平，可双击选择工具，勾选"软选择"选项，激活范围衰减功能，保障调整点、线时的平滑度）

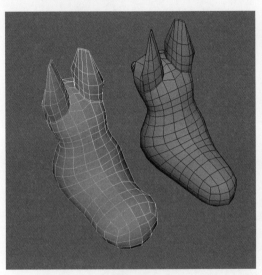
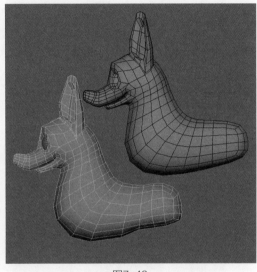

图7-39　　　　　　　　　　　　　　　　　　图7-40

（3）制作前腿。执行"多切割"命令，加线画出八边形作为躯体和前腿的衔接面；再删去中间的部分线，保持四边形布线，如图7-41和图7-42所示。

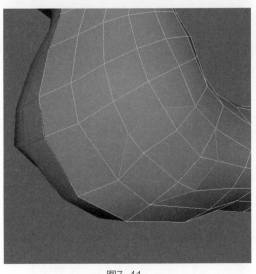
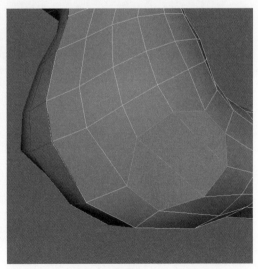

图7-41　　　　　　　　　　　　　　　　　　图7-42

（4）选择八边形，用世界坐标挤出前腿的上方部分，将末端所有的面对齐到同一平面并略微缩小，如图7-43所示。用同样的操作挤出前腿下方部分，注意脚踝部位（类似膝盖部位）略微向后移，如图7-44所示。

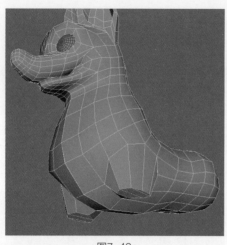

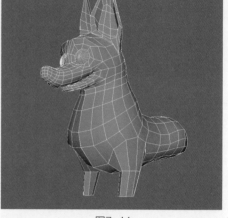

图7-43

图7-44

（5）将底部调整为较为规范的八边形，插入两条结构线，并将前方的3个面向前挤出脚掌部位，脚掌前方的3个面呈放射状，如图7-45和图7-46所示。

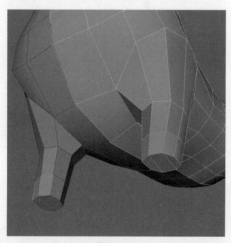

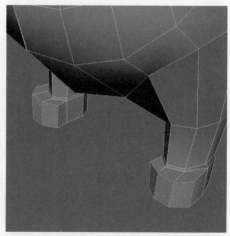

图7-45

图7-46

（6）选择前端3个面，执行"挤出"命令，在选项栏里把"保持面的连接性"设为"禁用"，挤出3个不相邻的脚趾头，如图7-47所示。加几条结构线，把脚掌和脚趾调为胖乎乎的形状，如图7-48所示。

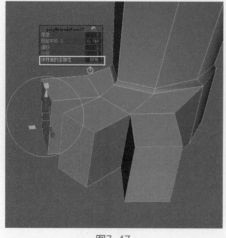

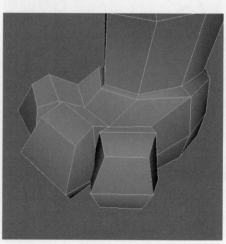

图7-47

图7-48

（7）制作后腿。在躯体的下腹部末端加一条结构线；调整结构点，形成一个9面12边的椭圆形衔接部位，如图7-49所示。在世界坐标模式向下挤出，将所有的面缩放对齐到同一平面上，再根据结构整体向x轴和z轴略微倾斜旋转，如图7-50所示。（小贴士：面挤出对齐后，可能产生各个面大小明显不一致的情况，可以切换到底视图进行调整）

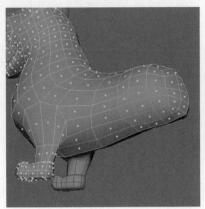

图7-49

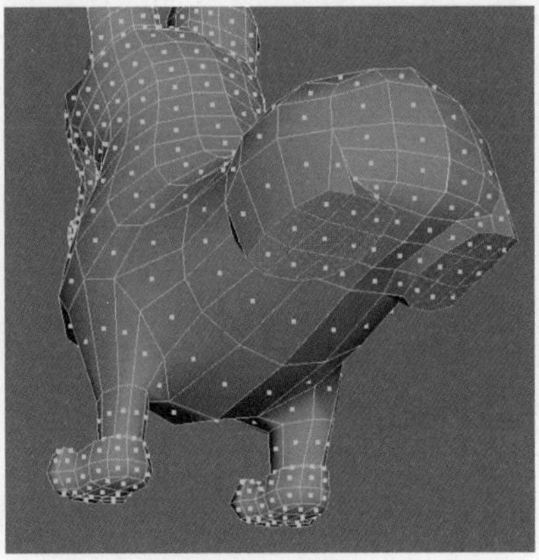

（8）用同样的方法继续依次向下挤出后腿主体部分，如图7-51和图7-52所示。

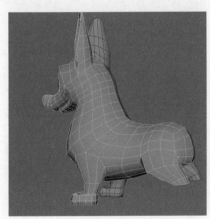

图7-50

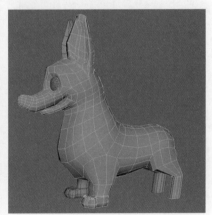

图7-51

图7-52

（9）加两条结构线，将前面5个面向前挤出，如图7-53所示。合并中间的点，将5个面合并为3个面，调整形状使其如图7-54所示。

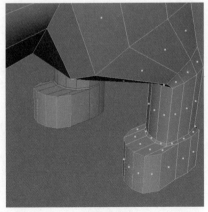

图7-53

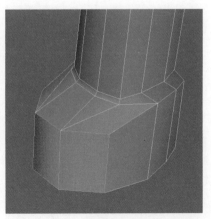

图7-54

（10）挤出3个分开的脚趾，加结构线调出鼓起的形状，如图7-55和图7-56所示。

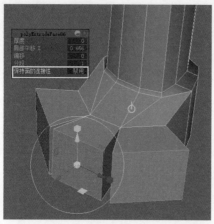
图7-55

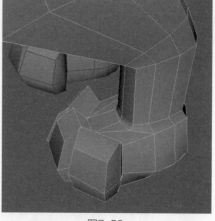
图7-56

（11）对前、后腿的大小形状进行整体检查和调整；在大形准确的前提下，加几圈循环结构线丰富细节，效果如图7-57和图7-58所示。（小贴士：如果模型用于制作动画，则关节部位需要加2~3圈结构线以便做弯曲动作）

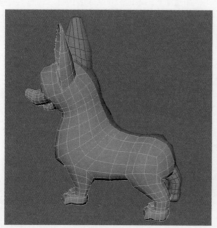
图7-57

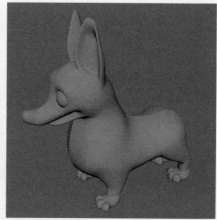
图7-58

（12）制作尾巴。在臀部加结构线，如图7-59所示，挤出尾巴，如图7-60所示。卡通小狗的建模制作基本完成。

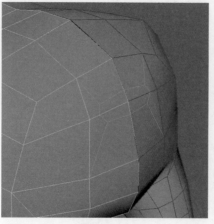
图7-59

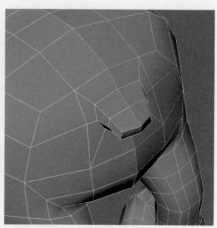
图7-60

（13）如果想突显大腿的肌肉，则可以在大腿的侧面各加一圈结构线，收窄布线间隔，强化肌肉块状，如图7-61所示。也可以继续调整布线，将脖子的纵线和前腿相连，减去两圈背部的结构线，让制作前腿动画时有更多的调整空间，如图7-62所示。

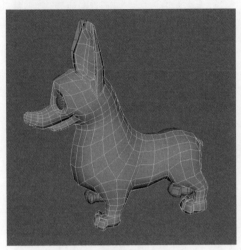

图7-61   图7-62

（14）将模型进行镜像合并，按"3"键以平滑模式渲染，效果如图7-63和图7-64所示。

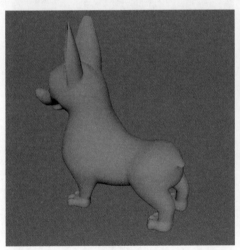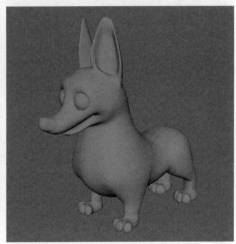

图7-63   图7-64

7.2.5 拆分UV和贴图

（1）因为小狗模型是对称的，所以拆一半身体即可。删去一半模型，并删去眼球内部看不到的面，进行镜像实例复制，如图7-65和图7-66所示。

（2）单击小狗身体，执行"UV>UV编辑器"命令，再执行"创建>平面"命令，选中"x轴"选项，创建一个x轴向的平面映射UV，如图7-67和图7-68所示。用同样的操作为小狗眼球创建一个z轴映射的UV。

（3）目前UV分布尚不均匀，而且还有较多的重叠部分，需进一步展开和拆分。用鼠标右键单击小狗，选择"UV壳"模式（小贴士：UV壳是连接在一起的整片UV），如图7-69所示。单击小狗的身体UV，在"UV工具包"窗口中单击"展开"按钮，将UV平摊展开（小贴士：打开"UV编辑器"窗口时，会自动激活"UV工具包"窗口）。用同样的操作展开眼球UV，如图7-70所示。

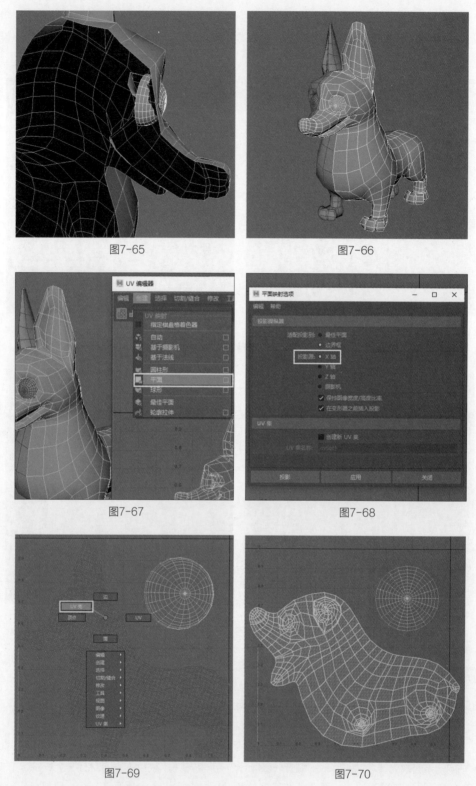

图7-65　　　　　　　　　　　　　　　　图7-66

图7-67　　　　　　　　　　　　　　　　图7-68

图7-69　　　　　　　　　　　　　　　　图7-70

（4）此时耳朵和脚爪挤压在一起，不方便绘制贴图，需要将它们分离出来再进一步拆分和展开。在线的模式下，选择小狗耳朵根部的一圈线，以及区分小狗耳朵前后的一圈线，单击"UV工具包"窗口中的"剪切"按钮，将耳朵的UV壳从小狗身体剪切分离出来。再单击"展开"按钮，平摊耳朵UV，如图7-71和图7-72所示。

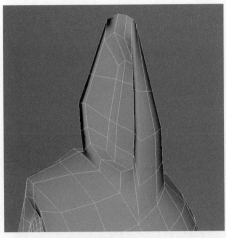

图7-71

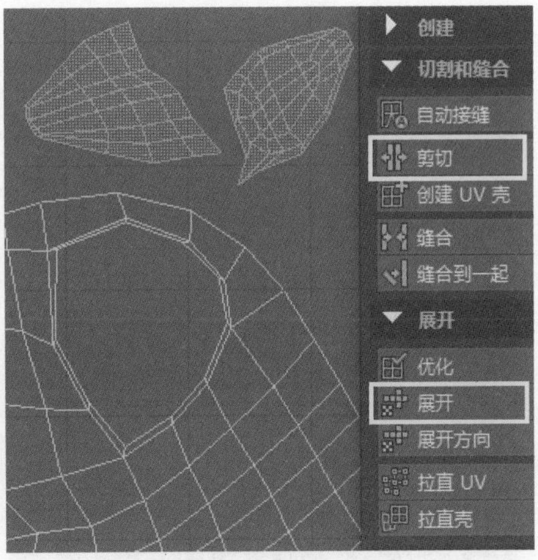

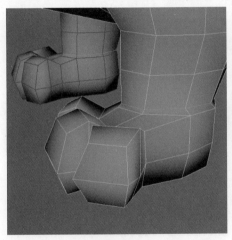

图7-72

（5）选择脚爪的结构线，单击"剪切"按钮，将脚爪从身体整体分离出来，如图7-73所示。此时脚趾仍挤成一团，需进一步展开，如图7-74所示。

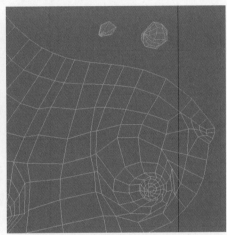

图7-73

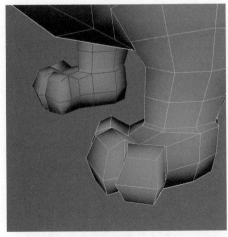

图7-74

（6）在前腿选择脚趾头前端和脚底整体为分界线，单击"剪切"按钮，把脚爪部位的UV分成上下两部分，如图7-75和图7-76所示。

图7-75

图7-76

（7）把脚趾的UV壳展开，此时摊开的UV如图7-77所示。脚爪的上部分UV形成一个圈，比较占用贴图空间，可以选择脚后跟的一条纵向结构线，再次单击"剪切"和"展开"按钮，效果如图7-78所示。

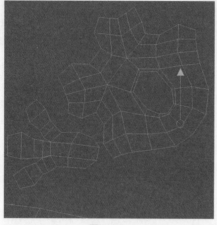

图7-77

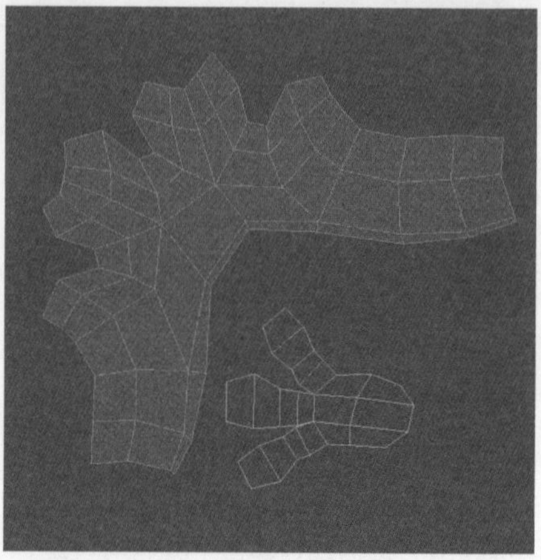

图7-78

（8）用同样的方法拆分并展开后腿脚趾的UV，如图7-79和图7-80所示。

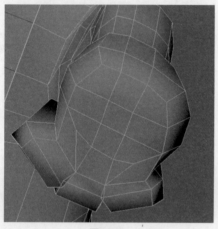
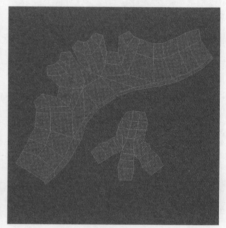

图7-79

图7-80

（9）整理排列UV。此时UV虽然都拆分并摊开了，但大小和位置都不是最合适的，如脚爪UV显得过小，眼球UV又显得过大，摆放位置也还有很多空隙有待调整，如图7-81所示。选择所有UV，在"UV工具包"窗口中单击"排布"按钮，进行自动排布，如图7-82所示。

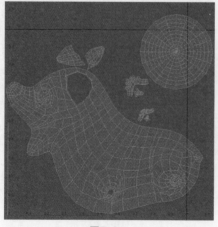

图7-81

图7-82

（10）自动UV排布会把所有UV都放置在UV栏的横纵向"0，1"范围内，并根据模型各部位的实际大小对UV大小进行调整，如图7-83所示。这时我们还需要根据实际需求进行手动调整，调整原则是尽量让主体UV占据更大的面积以便绘制细节；不重要部件的UV面积可以缩小；尽量让同色块的部件排放在一起，充分利用UV空间，少留空隙。调整完成的UV如图7-84所示。

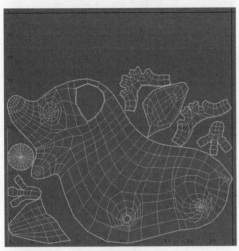

图7-83   图7-84

（11）导出UV快照。选择所有的UV，在"UV编辑器"窗口中执行"图像>UV快照"命令，如图7-85所示，打开参数栏，导出一张512像素×512像素的JPG格式的图片，如图7-86所示。（小贴士：贴图尺寸数值通常是512像素或1024像素，是2的乘方，便于软件程序计算）

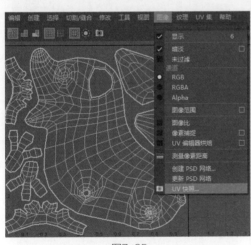

图7-85   图7-86

（12）导出的UV图片是黑底白线，如图7-87所示。新建一个Lambert材质球赋予小狗，贴上这张UV图片，就变成了黑底白线的小狗，如图7-88所示。可以根据布线构思贴图位置。

（13）在Photoshop中将UV图片打开，调整图片为"反相"，变成白底黑线；在"图层"面板中改为"正片叠底"类型，降低不透明度，并放置于顶层。这样处理后，UV线框就会变成一张辅助定位的参考图，不影响后续的贴图绘制，如图7-89所示。在UV线框图层下面新建图层，参照原画先填充一个大概的颜色，如皮毛大体是黄棕色，嘴部、下腹、爪子、屁股和耳朵边是灰白色，眼球是深褐色，如图7-90所示。

（14）将图片保存之后再贴到Maya的模型上检查，效果大致如图7-91所示。脚爪部位和小腿的接缝处色彩过渡太硬，需要进行细节处理。尽量让接缝处的颜色是相同的色块，颜色过渡不放在接缝位置，目的是做出图7-92所示的效果。

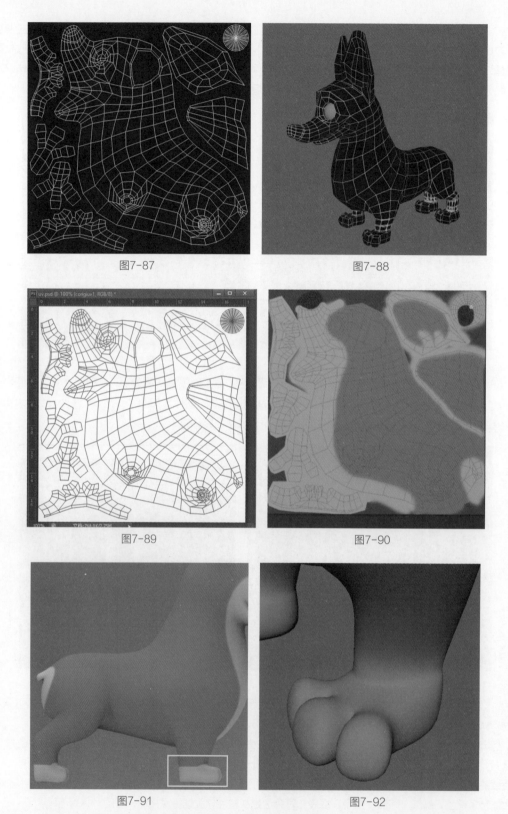

图7-87

图7-88

图7-89

图7-90

图7-91

图7-92

（15）对照UV布线将小腿末端画为灰白色，再画过渡色，如图7-93所示。修改贴图后的小狗的小腿是从灰白色到黄棕色自下而上渐渐过渡，因为小腿的下端是灰白色，所以可以和灰白色爪子进行无色差接缝。耳朵的接缝部分也做类似的处理，最终贴图效果如图7-94所示。

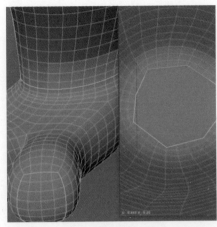

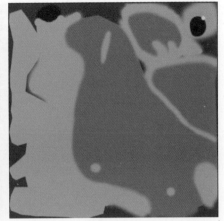

图7-93 图7-94

（16）镜像合并小狗模型，进行圆滑处理后渲染，效果如图7-95和图7-96所示。

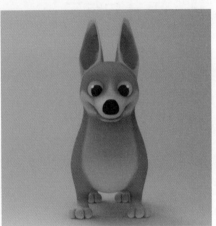

图7-95 图7-96

7.3 课程作业参考

图7-97～图7-100所示为数字媒体艺术专业同学的动物主题建模作品。

图7-97 图7-98

图7-99

图7-100

7.4 思考与练习

（1）选择动画片中的任一拟人卡通动物，分析其结构造型和真实的同种族动物有何不同。

（2）购买一个动物造型模型或者拟人的卡通动物模型，根据所学知识尝试为其创建三维模型。

（3）选择自己喜欢的动物类动画角色或者游戏怪兽进行建模。

第 **8** 章 | 游戏道具建模与贴图案例：单手斧

游戏建模和影视动画建模有很大的不同，主要区别在于前者有更严格的控制资源的要求。游戏互动是实时计算的，应用时很多玩家、很多角色在同一时间产生交互行为，对计算机、手机等载体产生较大负荷。而影视动画是单线的传播方式，模型和渲染都可以在漫长的准备期内完成，在正式应用播放时对载体的硬件要求不高。所以影视动画的角色模型可以有几十万甚至几千万个面，而普通游戏的角色模型一般只有数千个面。控制资源是游戏建模的核心思想，从而产生了游戏独有的建模、拆分UV和贴图绘制规范。游戏模型的"简"，其实是一种科学合理到极致的简洁和概括，是戴着"镣铐"限制仍能进行舞蹈的艺术。

游戏模型可分为角色模型和道具模型两大类。游戏道具通常指游戏产品中各种体积较小的器物，如箱柜、兵器、饰物等。道具不仅是环境造型的组成部分，同时也是推动游戏进程的重要元素。很多玩家长时间进行游戏的主要驱动力，是为了获得威力和外形都不断升级的强力装备，提升战斗力和角色颜值。有些任务类道具甚至可以影响剧情发展，如西游主题游戏里的金箍棒和紧箍圈。

基于优化资源的原则，游戏道具模型注重每一条结构线的合理利用。因为大多数道具没有动作需求，所以道具模型布线只需考虑外形结构，不用预留动画空间；对结构造型帮助不大的点、线尽量不要出现，被遮盖的底面、内面也尽可能删去。圆柱体和球体造型不需追求圆滑的转折效果，用较少面加结构线软化边的方法做出大致视觉效果即可。一些体积较小但结构复杂的细节造型，可用贴图方式绘制而不需要具体建模。

游戏模型的面较少，外形相对简陋，贴图要承担更多表现物品质感和造型细节的功能。可以说，贴图制作能力的强弱决定了游戏模型的质量。需要手绘的游戏模型贴图，拆分UV时要优先考虑绘制的方便，而不是简单平摊开即可。拆分的UV尽量成大团块，接缝尽可能少并放在不显眼的位置。为了节省贴图空间，道具类物体的UV边缘可拉直，即使贴图效果小有拉伸也没关系。

本章的案例为游戏道具单手斧的建模与贴图。斧头是游戏里常用的冷兵器，关联了角色的战斗方式和技能。制作时用相对精简的面数完成模型搭建，并对多个部件进行UV重叠以节省贴图空间，最后导出UV快照到Photoshop中完成贴图绘制。读者通过对本案例的学习，可以了解游戏建模的流程和制作规范，并掌握金属和木头质感的绘制技巧。

本章要点

- 游戏模型和动画模型的主要区别。
- 游戏模型贴图的作用。
- 游戏道具的建模特点。
- 游戏道具单手斧建模和UV拆分。
- 游戏道具单手斧贴图绘制。

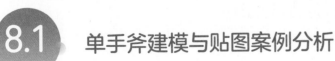

微课视频

8.1 单手斧建模与贴图案例分析

8.1.1 建模思路

本章的案例是游戏道具单手斧的建模与贴图，其概念设计如图8-1和图8-2所示。这是一把适合游戏角色初期使用的新手武器，突出基础功能，造型相对简单。斧柄穿过斧头部分，再上下卡住护箍进行固定；斧头部分设计为双刃，突出美感。

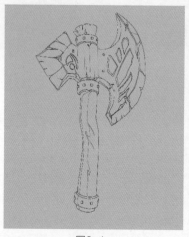
图8-1

图8-2

在不影响外形的前提下，游戏建模时应尽量节省面数。真实斧头有个中空的环洞，方便斧柄穿插；但在游戏中这个中空的洞是被遮住的，为了节省面数可以略去不制作。斧头部分尽量在同一块模型上拓扑，体现厚重感和坚固度。斧柄和护箍都用八棱柱拓展，在省面的基础上也有较好的圆滑度。

在拆分UV时，两个小护箍可以共用同一个UV，护箍的底面和顶面UV也可以重叠，以便节省贴图空间。斧柄和护箍的UV边缘可以进行拉直处理，既方便贴图绘制，又能减少空间占用。

贴图绘制时，先铺大色块进行基本定位，再逐步画出层次感和质感。斧柄为木质，贴图以基本纹理为主，明暗反差不大。斧头为金属，有对比强烈的亮暗面，结构转折处有锐利、清晰的高光。作为初学者的第一个游戏模型案例，绘制软件使用大众熟悉的Photoshop，以减轻初学者的学习负担。

8.1.2 学习内容

观察和分析模型，寻找最佳的减面和节省UV空间的方案，体会木质质感和金属质感的绘制表现有何不同。
课程目标：
（1）学习游戏道具UV拆分方法、材质绘制技巧；
（2）了解游戏企业关于建模的制作规范。
主要命令：插入循环边、挤出。
主要知识点：控制面数、在有UV拆分的意识下进行布线、点在斜面上的挤压对齐、Photoshop的使用等。

8.2 单手斧建模与贴图操作

8.2.1 斧柄的建模

在侧视图导入参考图，创建一个八棱柱，调整合适半径作为斧柄，如图8-3所示。插入4条结构线，稍微缩放和位移，制作出粗细不一、略带弯曲的斧柄，如图8-4所示。

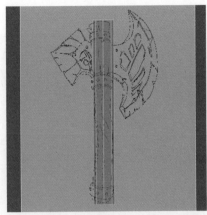

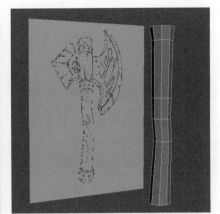

图8-3

图8-4

8.2.2 斧头的建模

斧头结构类似在一个圆环体两侧分别铸造出斧背和斧刃部位，真实结构是圆环套在斧柄上，但从节省面的角度考虑，遮住部位不需要表现，因此直接用实心的圆柱体来替代。

（1）创建一个比斧柄略大的八棱柱，沿y轴旋转22.5°；两个侧面分别挤出对应斧头基本宽度的长方体；调整长方体，使其根部略宽、末端略窄，如图8-5和图8-6所示。

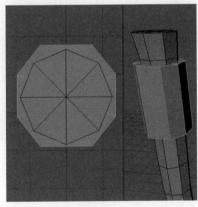

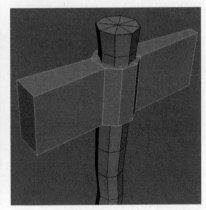

图8-5

图8-6

（2）对比参考图，在斧头背部插入循环线体现结构，如图8-7和图8-8所示。

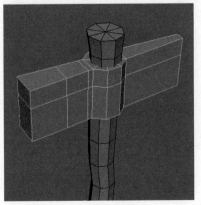

图8-7

图8-8

（3）调整斧头背部的结构，形状如图8-9和图8-10所示。

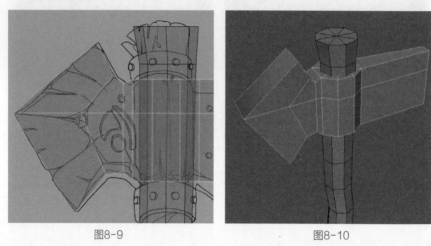

图8-9 　　　　　　　　　　　　　　图8-10

（4）合并斧头背部尾端刃部的点，制作出锋利的尾刃，如图8-11所示；在两侧加线，体现结构弧度，如图8-12所示。

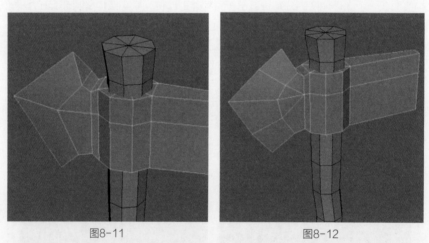

图8-11 　　　　　　　　　　　　　　图8-12

（5）在斧刃部分加线，并挤出上下部分的面，如图8-13和图8-14所示。

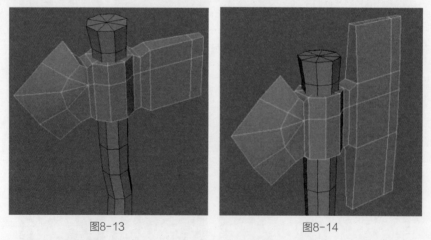

图8-13 　　　　　　　　　　　　　　图8-14

（6）对照参考图调整结构点，做出斧头的月牙造型，如图8-15所示。合并刃部的点，并增加结构线平缓结构弧度，如图8-16所示。

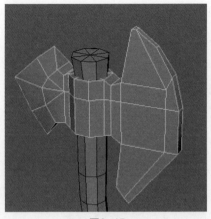

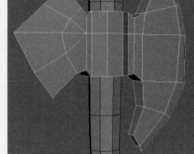

| 图8-15 | 图8-16 |

（7）平整斧面的光滑度。观察顶视图，斧头的侧面结构点并不在同一个平面上（由于斧面的结构点是在倾斜面上调整的，因此调整后不在同一平面上），需要将这些点对齐在倾斜的平面上。选择侧面的点或面，双击缩放图标，选择"编辑枢轴"选项，手动把轴向调整为倾斜面的方向。用缩放工具进行挤压对齐，所有选到的结构点就都对齐在倾斜面上了，图8-17所示为结构点对齐前的形态，图8-18所示为结构点对齐后的形态。用同样的操作对斧头其他3个侧面的结构点也进行对齐调整。

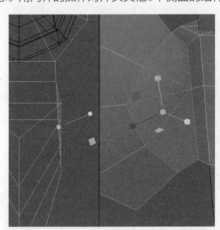

| 图8-17 | 图8-18 |

（8）制作崩坏的豁口。根据刃部豁口位置添加结构线并调整点，效果如图8-19和图8-20所示（小贴士：游戏贴图可以绘制细部的凹凸，小豁口可以用贴图绘制表现，大豁口可在模型结构中体现）。斧头结构建模完成，效果图中斧面的大面积凹凸纹理可以用贴图绘制表现，不需要布线建出。

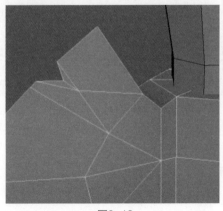

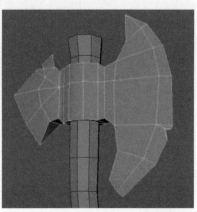

| 图8-19 | 图8-20 |

8.2.3 护箍的建模

创建略大于斧柄的八棱管状体，沿y轴旋转22.5度；去掉内环面，将该物体多复制两个并放置在相应位置，如图8-21和图8-22所示。

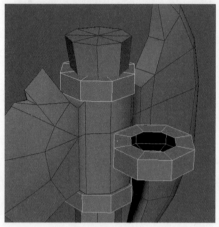

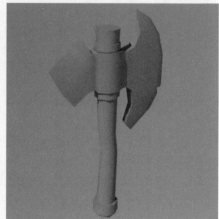

图8-21　　　　　　　　　　　　　　　　图8-22

8.2.4 斧柄的UV拆分

（1）选择斧柄，打开"UV编辑器"窗口，执行"创建>自动"命令，用自动的方式拆分斧柄UV。拆出2个圆形的UV壳和4个不规则的长条形UV壳，图8-23所示为斧柄拆分UV时的形态，图8-24所示为UV平摊时的形态。（小贴士：用自动方式展开UV，可以快速把UV平摊开，但UV壳的数量比较多、接缝多，不易画贴图；通常把能直接采用的UV保留，其他UV进行拼接或用其他模式重新创建）

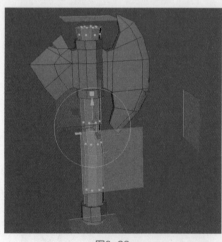
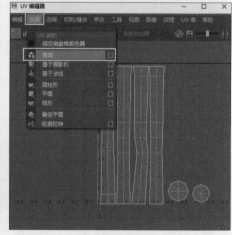

图8-23　　　　　　　　　　　　　　　　图8-24

（2）两个端面的圆形UV壳可用，保留下来并移动到一边。长条UV不规则且比较散，不适用于画贴图，还需再次处理。用"面"的模式选择4个长条UV，执行"创建>基于摄像机"命令，按摄像机的角度为物体再创建一个新UV，如图8-25所示。然后选择一条直径边，单击"UV工具包"窗口里的"剪切"按钮，把UV沿着选择的边剪开，激活"纹理边界"按钮，让剪开的UV边框用粗边显示，此时可观察到UV壳变成了两个，如图8-26所示。

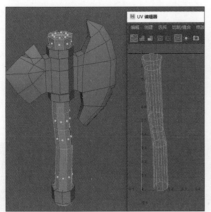

图8-25　　　　　　　　　　　　图8-26

（3）单击"UV编辑器"窗口中的"棋盘格贴图"按钮，给物体赋予棋盘格贴图后进行观察。可看到当前斧柄的UV有疏有密有拉伸，还没能均匀摊开，如图8-27所示。单击"UV工具包"窗口中的"展开"按钮，把这两个UV壳平摊开，如图8-28所示。

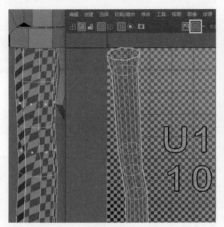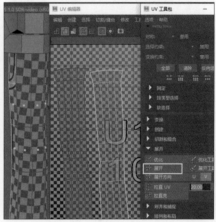

图8-27　　　　　　　　　　　　图8-28

（4）UV尽量取直是游戏贴图绘制中的重要规范。因为取直既可以节省UV空间，又方便贴图的手动绘制。当前UV的U方向和V方向都有一些倾斜，可单击"UV工具包"窗口中的"拉直UV"按钮，在U方向和V方向进行取直，如图8-29所示。利用"对齐和捕捉"栏的按钮将两个UV壳重叠在一起，可重复应用贴图，如图8-30所示。

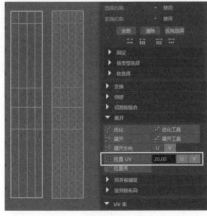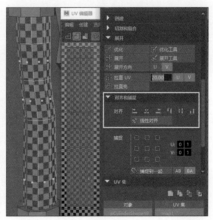

图8-29　　　　　　　　　　　　图8-30

8.2.5 护箍的UV拆分

（1）观察护箍，模型呈规范的八棱管状体，内侧面因为看不到进行了删除，如图8-31所示；从节省贴图空间考虑，顶面和底面可以共用贴图，整个护箍也可以分为两半共用贴图。打开"UV编辑器"窗口，执行"创建>基于摄像机"命令，给护箍创建一个新UV，如图8-32所示。

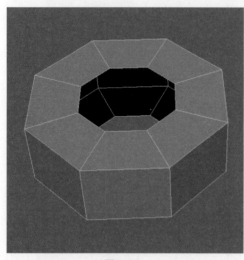

图8-31   图8-32

（2）选择图8-33所示的边，单击"UV工具包"窗口里的"剪切"按钮，把UV分为对称的两半。再单击"展开"按钮，摊开UV如图8-34所示。

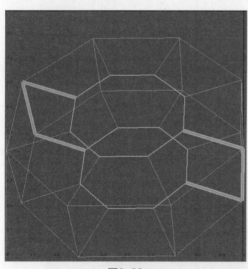   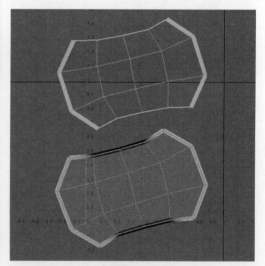

图8-33   图8-34

（3）选择中间的一条UV边，按住"Shift"键的同时单击鼠标右键，激活浮动菜单，选择"拉直壳"选项，如图8-35所示，把整个UV壳以这条被选中的UV边为标准垂直摆放，如图8-36所示。

（4）单击"UV工具包"窗口里的"拉直UV"按钮，在U方向和V方向进行取直，效果如图8-37所示。护箍的顶端和底端是可以共用贴图的，依照节省UV空间的制作规范，把下端的UV线剪开，将其上下翻转后移动到和顶端重合，如图8-38所示。（小贴士："UV工具包"窗口中的"变换"栏下有按U方向和V方向翻转的功能）

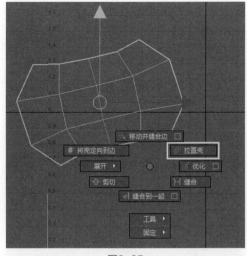

图8-35

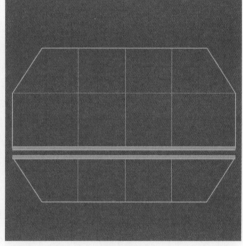

图8-36

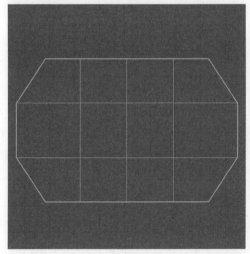

图8-37

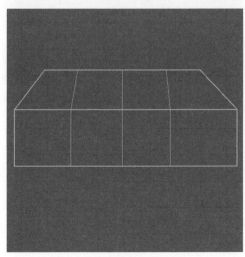

图8-38

（5）对另一半UV壳进行同样的操作，并把两半的UV进行重合对齐，效果如图8-39和图8-40所示。

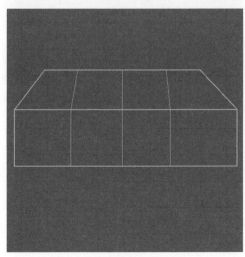

图8-39

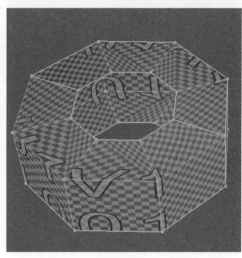

图8-40

（6）模型上的护箍有3个，其中一个拆分好UV了，而其他的还是默认UV，需要把拆分好的UV属性复制到其他没拆的护箍上，如图8-41所示。两个相同的小护箍的UV不一样。选择一个已经拆好的小护箍，再加选另一个没拆的小护箍，执行"网格>传递属性"命令，在"属性设置"栏里选中"组件"选项，如图8-42所示，完成UV属性传递，把两个模型的UV变成一样。

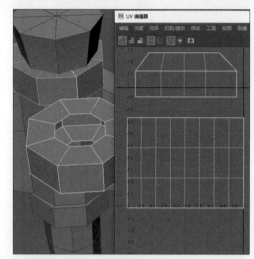
图8-41

图8-42

（7）两个小护箍的UV现在是一样的。大护箍的形状相对小护箍有点长，但基本形状类似，点的数量也一致，同样使用属性传递的方法来复制UV。考虑到大护箍有较多的绘制面积，可以把端面和底面分别摊开，方便画跨折面的刻痕，效果如图8-43和图8-44所示。

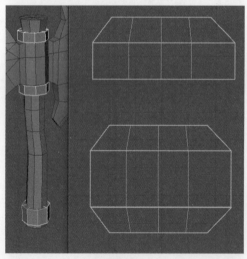
图8-43

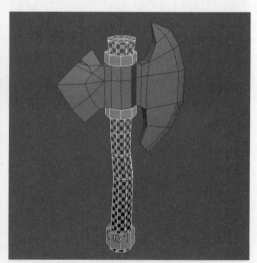
图8-44

8.2.6 斧头部位的UV拆分

（1）观察斧头形状，其侧面大体是扁平的，顶面和底面是一个圆形连接一些长方形。可以从x轴和y轴进行UV映射。选择物体，打开"平面映射选项"窗口，将"投射源"设为"X轴"，勾选"保持图像宽度/高度比率"选项，应用创建x轴投射的UV，如图8-45所示。此时侧面的UV基本均匀展开，但顶部和底部的UV拉伸得厉害，如图8-46所示。

图8-45

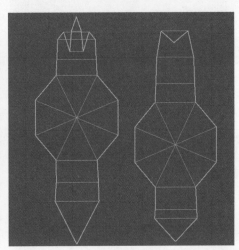

图8-46

（2）选择顶部和底部的面，用上述方法创建一个由y轴投射的UV，效果如图8-47和图8-48所示。

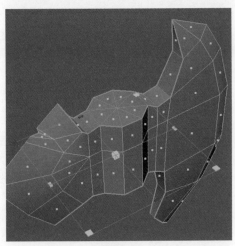

图8-47

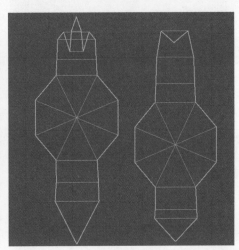

图8-48

（3）将这两个UV展开后，完全平摊变成长条形，如图8-49所示。由于厚度部位没有那么重要，不需要占用太多UV位置，因此可以把长条的锥状手动压缩一下，调整后效果如图8-50所示。

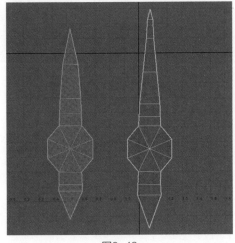

图8-49

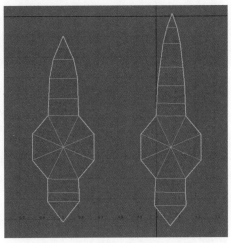

图8-50

125

（4）重复利用贴图的考虑。由于底端有一个是斧刃断缺的转折面，和顶端的面有明显不同，因此没办法完全地重复利用贴图。中间的圆形部位比较大，而且基本被护箍遮住，可以考虑这部分利用同一贴图。选择底端圆形部位的两条连接UV边，单击"剪开"按钮，分为3段，底端的圆形部分将来可以和顶部圆形部分重合以节省UV空间，如图8-51所示。厚度部分的棋盘格效果如图8-52所示。

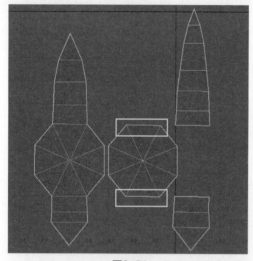

图8-51

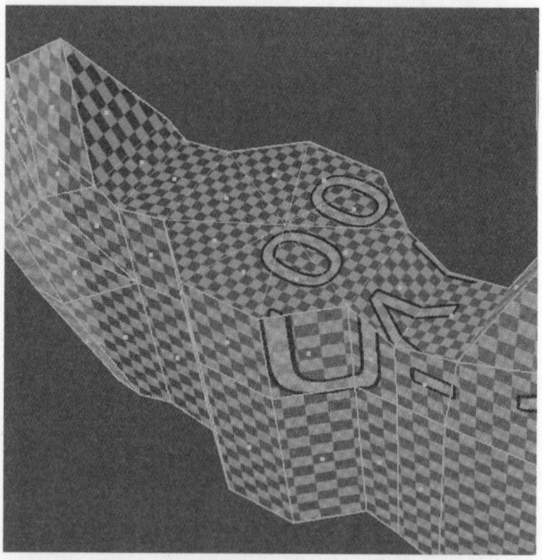

图8-52

（5）进行整体检查和调整，个别地方手动调节。如斧刃的缺口位置有重叠面，可以把UV点拉出一点，如图8-53所示。斧头侧面的UV完成后，效果如图8-54所示。

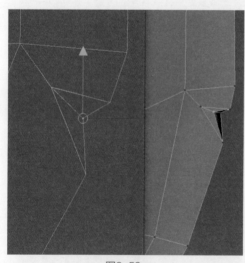
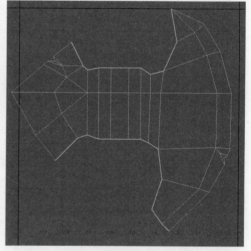

图8-53

图8-54

（6）整理UV。目前单手斧各部位的UV大小不一，而且超出"0，1"的有效贴图范围，需要进行整理，如图8-55所示。根据物体的重要性来安排其UV所占空间的大小，尽量让重要物体有更大的绘制面积。最终整理好的UV如图8-56所示。

（7）导出UV快照。这是一个比较简单的单手斧道具，按游戏的制作规范，通常用512像素×512像素或者256像素×256像素大小的贴图。选择所有物体，在"UV编辑器"窗口中执行"图像>UV快照"命令，设置"文件名"，"大小X""大小Y"都为"512"，"边颜色"为白色，"图像格式"为"JPEG"，导出快照图，如图8-57和图8-58所示。（小贴士：JPEG格式图片是不透明的黑底白边，在Photoshop中可以调整为白底黑边，放在顶层用"正片叠底"混合模式进行定位；也可以把UV快照输出为边缘为黑色的PNG格式图片，黑色线框带有透明通道，方便在Photoshop中定位观察）

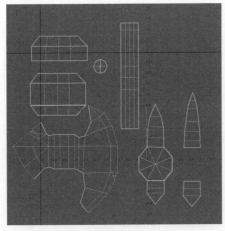

图8-55

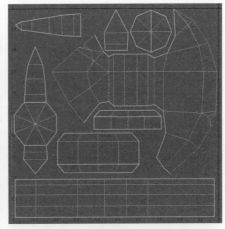

图8-56

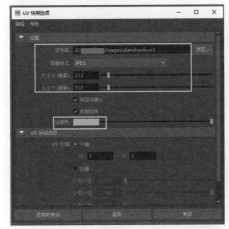

图8-57

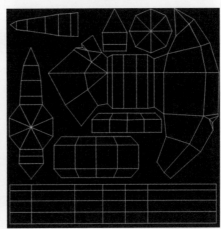

图8-58

8.2.7　单手斧贴图的大色块绘制

（1）在Photoshop中，根据UV的形状和位置，给斧头、斧柄、护箍等部分填上一个基本色块，如图8-59所示；每一个部分单独一个图层，大致分出亮面、暗面、反光等区域，如图8-60所示。为了便于管理，在"图层"面板中为每一个部分都建一个图层组。

图8-59

图8-60

（2）在Maya中为单手斧赋予这张基本色块图，效果如图8-61和图8-62所示。

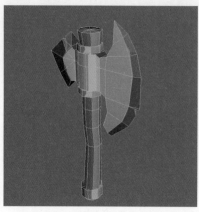
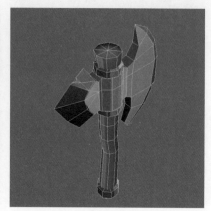

图8-61　　　　　　　　　　　　　　图8-62

8.2.8　斧头部位的金属质感贴图绘制

（1）把原先分界比较明显的色块进行柔和过渡，如图8-63所示；根据参考图画上简单花纹，给花纹加上色块做出厚度，如图8-64所示。

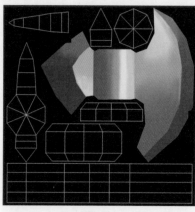

图8-63　　　　　　　　　　　　　　图8-64

（2）叠加混合材质制作肌理。找一张金属肌理图片导入Photoshop，把混合模式调为"减淡"模式（根据所找图片的不同情况，也可以是其他混合模式），给斧头增加一些金属肌理，如图8-65所示。可利用"颜色减淡""滤色""叠加"等模式，在新层给斧头加一些高光，画出金属质感，如图8-66所示。

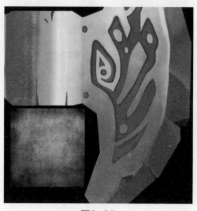
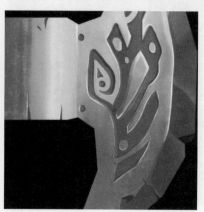

图8-65　　　　　　　　　　　　　　图8-66

（3）斧背和侧部的贴图如图8-67和图8-68所示。

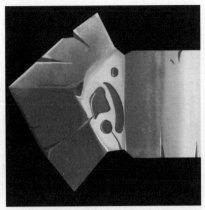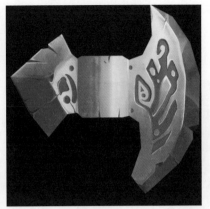

图8-67   图8-68

8.2.9 斧头厚度部分和护箍的贴图绘制

（1）铺大色块，如图8-69所示，然后进行柔和过渡，如图8-70所示。

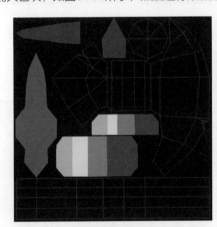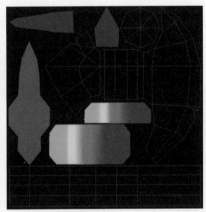

图8-69   图8-70

（2）叠加混合材质制作肌理，厚度部分的贴图可适度降低颜色饱和度，深化时，在暗部画出反光，效果如图8-71所示。继续细化贴图，增加一些小刻纹和高光，如图8-72所示。

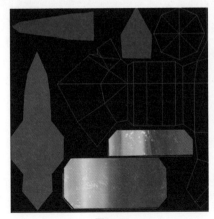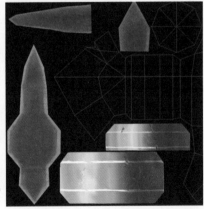

图8-71   图8-72

8.2.10 木质斧柄的贴图绘制

（1）铺大色块，再进行柔和过渡，如图8-73所示。木头由于表面不够光滑，色彩对比比较平和，不像金属那样对比强烈，反光部分用无色系的灰色来表现，如图8-74所示。

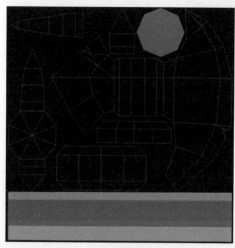

图8-73　　　　　　　　　　　　　　　图8-74

（2）在木头色块上手绘纹理，细化木纹，在被斧头和护箍遮住的地方加投影，让不同部件的贴图之间有呼应，尽量重现真实情况，如图8-75所示。给顶部和底部也加上木头的横截面纹理，如图8-76所示。

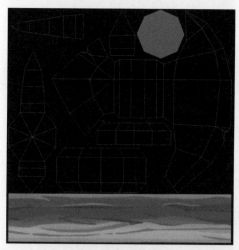
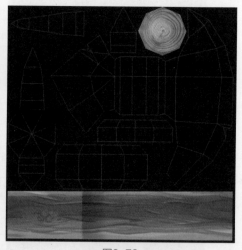

图8-75　　　　　　　　　　　　　　　图8-76

8.2.11 后期调整和渲染

各部分都完成后，可先输出JPEG格式或PSD格式文件，作为贴图赋予模型。观察模型和贴图是否对应，观察接缝处是否有明显色彩偏差或错位等，根据观察结果调整UV或者调整贴图。刚完成时的贴图如图8-77所示。调整后的贴图降低了整体色彩饱和度，提亮了斧刃和厚度部分的明度，增加斧柄和护箍接触处阴影，并补充了一些小细节，如图8-78所示。

渲染效果如图8-79和图8-80所示。

图8-77

图8-78

图8-79

图8-80

8.3　课程作业参考

图8-81和图8-82所示为数字媒体艺术专业学生完成的游戏道具模型。

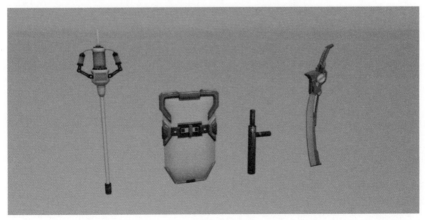
图8-81

图8-82

8.4 思考与练习

（1）简述游戏模型和动画模型有何不同，为什么存在这些不同？

（2）利用学过的知识，选择一个游戏道具进行建模和贴图，模型布线和UV拆分遵循游戏制作规范。

（3）进行白银、青铜、木料、皮革等质感的绘制练习。

第 9 章 | 游戏卡通人物建模案例：医疗女战士

角色是游戏产品中最核心的元素。各种形象造型直接体现角色的种族、职业，方便玩家清晰区分游戏中的阵营关系和等级关系。不由玩家操纵的游戏角色称为非玩家角色（Non-Player Character，NPC）。剧情类NPC一般为玩家提供信息线索或交易物品；战斗类NPC可作为敌方人员和玩家战斗，被击杀后通常会掉落物资装备。由玩家控制的角色称为玩家控制角色（Player-Controlled Character，PCC）。PCC关联玩家，角色模型通常采用更多面制作，精美度高于NPC模型。网游中一般设置多名PCC，根据战斗中分工的不同，常分为不同角色，体型和服饰也各具个性，以供玩家选择。

图9-1和图9-2所示为常见的PCC形象。

图9-1   图9-2

角色建模是游戏制作中最常见，也是需求量最大的工作。只有角色模型制作完成以后，才能进入绑定骨骼、调动作、添加特效等后续制作环节。进行角色建模要先分析原画要求，如角色是什么背景设定、大小比例如何、衣物道具有何特殊要求等。制作时要控制模型面数，同时考虑UV拆分及利用问题，合理利用贴图空间。

相对于静止的场景和道具模型，游戏角色模型通常有行走、攻击、死亡等动作，建模时需根据动作需求来进行合理布线。在手肘、手腕、膝盖、大腿根等关节部位必须有2～3条结构线，以保证动作时角色模型不变形。如果有脸部表情动画，则需要在眼眶和嘴巴处进行圆形布线，吻合五官动作的肌肉走向。模型建好后进行检查，排除废点、废面，处理未缝合的点；最后删除创建历史参数，把轴心点重置归零（坐标原点位置），以便导入引擎。

本章的案例是卡通风格的游戏人物角色建模。与前面卡通小狗由躯体挤出四肢的建模方法不同，本案例采用四肢和躯体部位分开制作再进行拼接的建模方法，将复杂的手部独立建模以降低制作难度。通过对本案例的学习，读者能理解游戏角色人体模型的结构特点和布线规律，能够应用制作规范完成游戏角色的建模。

本章要点

- 游戏角色模型的布线规律。
- 游戏角色的建模思路。
- 游戏角色医疗女战士的建模。

微课视频

9.1 医疗女战士建模案例分析

9.1.1 建模思路

本案例讲解游戏人物建模，原画如图9-3所示，建模效果如图9-4所示。要建模的角色是一名医疗女战士，主色为白色，头戴护士帽，身穿紧身连衣护士服，腰间佩带数个医疗包，武器是改造的大针管，在战场上是强力辅助角色，帮队友加血和强化状态。

图9-3

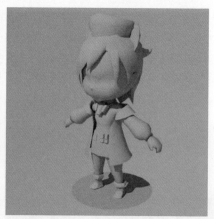
图9-4

建模时，可分为头、躯体、头发、衣裙与帽子、服饰配件等几部分进行。头是卡通形状，尽量保持球状的大形，不加太多结构线，以免破坏脸部的圆润感。因为游戏模型不需要表情动作，所以布线上不用考虑在眼眶、嘴巴部位添加结构线，以纵、横向为主的布线可以降低初学者的学习难度。头发的大部分形状是左右对称建模，前端刘海有差异性，需单独建出。脚部和鞋子一体，因此建出鞋子模型即可，脚部模型不需要创建。各部位模型制作完成后，可以把被遮住的后脑勺、手臂等部分的面删去，节省资源。

建模时前后模型线容易叠加显示，影响观察。可以执行"显示>多边形>背面消隐"命令，将"背面消隐"按钮放在建模常用工具架中，方便随时打开或关闭背面消隐功能。

9.1.2 学习内容

按照企业的游戏制作标准，根据原画进行人物角色建模。

课程目标：

（1）学习游戏角色的头部、躯体、衣物等的建模方法；

（2）理解头部和躯体的布线原理；

（3）当前已具有一定的自由创作能力，可同步提高学习能力和自主解决问题的能力（能自己看懂网上的教程并能最终解决问题）。

主要命令：插入循环边、挤出、多切割、合并顶点、编辑网格、复制面等。

主要知识点：控制面数、头部的基本布线、眼睛的布线、头发布线时概括塑造、手臂和身体的衔接方法等。

9.2 医疗女战士建模操作

9.2.1 头部基本形建模

（1）执行"视图>图像平面>导入图像"命令，分别在前视图和侧视图导入医疗护士的参考图片，将参考图向后推远，并放进一个新层中，如图9-5所示。创建一个"轴向细分数"为"16"，"高度细分数"为"10"的球体，移动到头部位置并缩放到合适大小，如图9-6所示。

图9-5

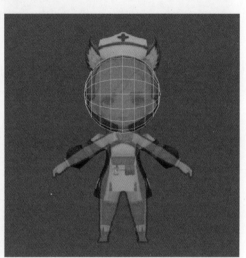

图9-6

（2）只留球体的一条竖环面，删除多余的面。执行"编辑>特殊复制选项"命令，沿着x轴做镜像实例复制，如图9-7所示。在侧视图中调整内侧的点以对应头部轮廓，如图9-8所示。

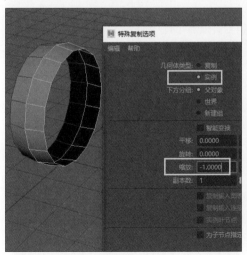

图9-7

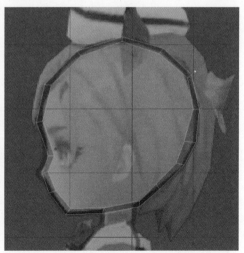

图9-8

（3）选择内侧的线进行挤出并缩小，眉、眼、鼻、嘴等部分尽量在同一竖线上，如图9-9和图9-10所示。

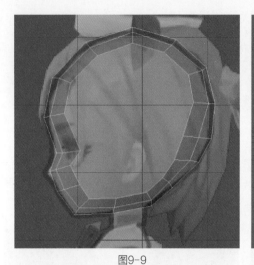
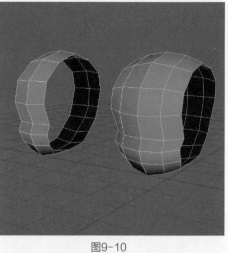

图9-9　　　　　　　　　　　　　　　　图9-10

（4）选择内侧的线进行挤压，形状和布线效果分别如图9-11和图9-12所示。

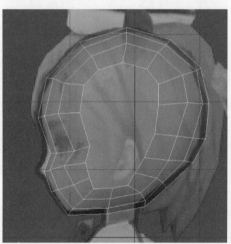
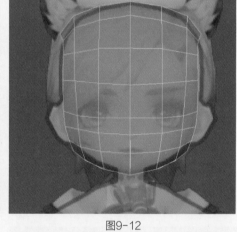

图9-11　　　　　　　　　　　　　　　　图9-12

（5）选择内侧中间的左右各4段线，相向挤出，再合并顶点，眉、眼、鼻、口等部位形成闭环，效果如图9-13和图9-14所示。

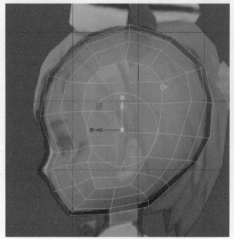
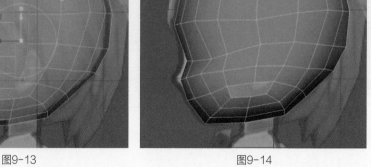

图9-13　　　　　　　　　　　　　　　　图9-14

（6）执行"网格工具>附加到多边形"命令，补面填充头部空缺的部分。根据参考图，执行"多切割"命令，在下巴处添加横、纵各一条结构线，如图9-15和图9-16所示。

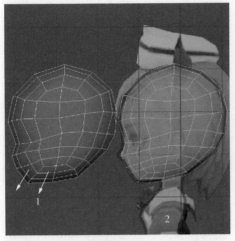
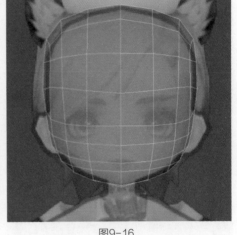

图9-15　　　　　　　　　　　　　　　　图9-16

9.2.2　五官建模

（1）执行"多切割"命令，添加两条纵线，调整最左侧的纵线以对应鼻子、嘴巴，调整最右侧的纵线以对应眼睛外围，调整中间两条纵线以对应眼睛中部，图9-17所示为正面布线，图9-18所示为侧面布线。

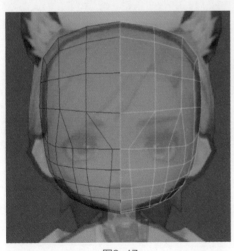
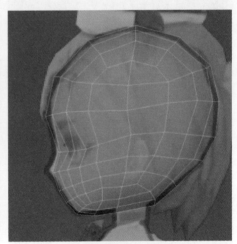

图9-17　　　　　　　　　　　　　　　　图9-18

（2）围绕眼睛形状添加8条结构线，如图9-19所示。将8条结构线的顶点分别与眉部、鼻部连接，并添加鼻头结构，如图9-20所示。

（3）添加眼睛的外框结构，在侧视图中将眼窝向内推进，突出鼻子和脸颊。在侧面做出耳朵的根部布线，耳朵高度为眼睛中上部至人中的距离（小贴士：正常成人脸型的耳朵上端对齐眉毛，下端对齐鼻子；但卡通儿童的眼睛较大而且位置低，耳朵如按成人比例造型就显得过大，因此一般卡通儿童的耳朵上端对齐眼睛上端，下端对齐鼻子或人中部位即可）。布线效果如图9-21和图9-22所示。

（4）在底部添加脖子的结构线，并调整下巴处的纵向布线，效果如图9-23所示。分别挤出脖子和耳朵的外形，如图9-24所示。

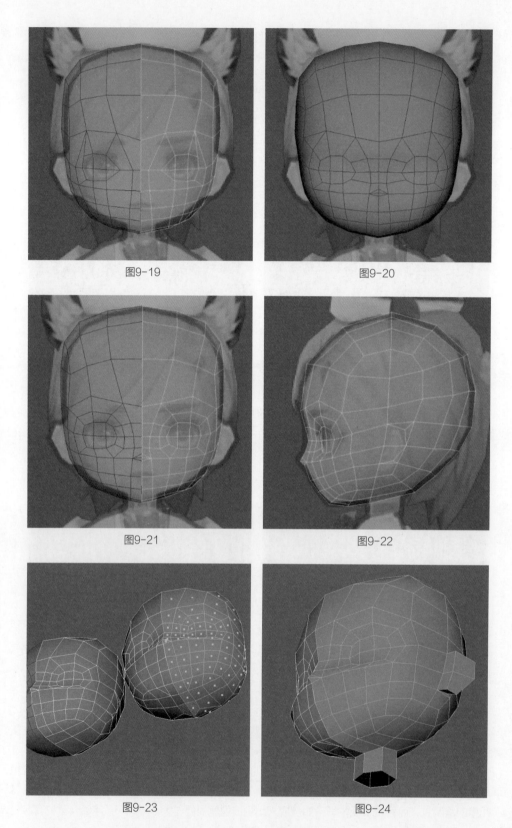

图9-19

图9-20

图9-21

图9-22

图9-23

图9-24

（5）添加嘴唇结构线和下巴结构线，拉出立体感，并调整耳朵的布线；整体调整外形，突出小下巴和脸蛋，头部和五官的建模完成，效果如图9-25和图9-26所示。（小贴士：如果卡通形象的口部特意追求圆滑、简洁的设计感，则可以不添加嘴部和下巴的结构线；初学者建模时如果脸部有些地方起伏不够流畅，则可以用软选择模式进行调整，也可以平滑后执行"网格工具>雕刻工具"命令，选择凸起和平滑工具配合调整）

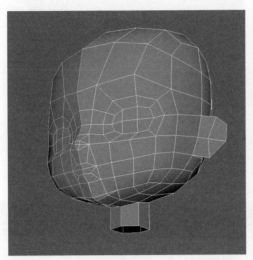

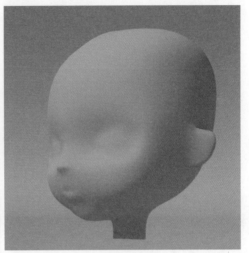

图9-25　　　　　　　　　　　　　　　　　　　图9-26

9.2.3　头发建模

头发造型比较复杂，结构点不规则，制作时需耐心调整形状，频繁切换三视图观察。

（1）镜像合并头型，选择拟作头发的面，如图9-27所示。执行"编辑网格>复制面"命令，在"局部平移Z"文本框中输入"0.2"，即相隔一定距离复制所选择的面，如图9-28所示。将头发和头分别放在不同的显示层，以便后续制作。

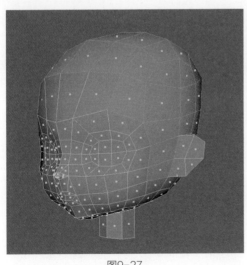

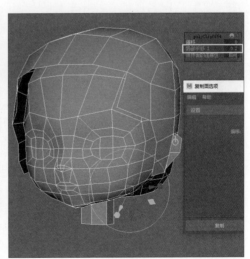

图9-27　　　　　　　　　　　　　　　　　　　图9-28

（2）删掉头发一半的面，并进行镜像的实例复制；再对照参考图调整头发外形，如图9-29所示。把后部头发调整为参差状，如图9-30所示。

（3）在鬓角和耳后部位加结构线，使其中间拱起，边缘位置尽量压向脸部，如图9-31所示。选择头发后面底部参差的边，在世界坐标模式下向上挤出并进行对齐，制作出头发的厚度，如图9-32所示。

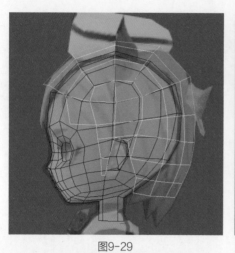

图9-29

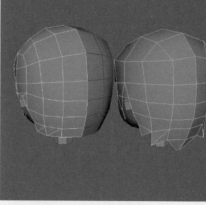

图9-30

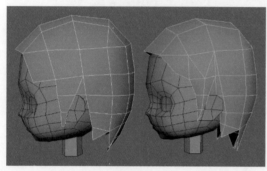

图9-31

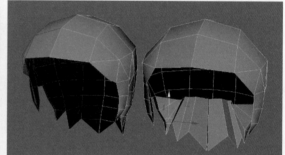

图9-32

（4）制作刘海。因为刘海部分不是对称造型，所以需要先把当前头发进行镜像合并。在面部左侧挤出一段齐眼长的面，加结构线将其调整为刘海基本形，如图9-33所示。将这一缕刘海两侧的边向下挤出厚度，合并末端几个点调整形状完成制作，如图9-34所示。

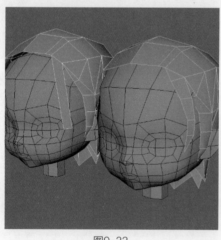

图9-33

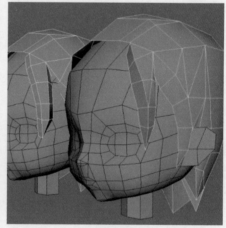

图9-34

（5）选择上方四条边挤压3次，做出额前刘海基本型。然后右边的两条边继续多挤出1次后合并末端，做出一个突前的单缕，如图9-35所示。单缕的右侧线向下挤出一个面作为厚度，一端顶点和发梢合并，另一端顶点与原来做好的额角单缕头发连接到一起，如图9-36所示。

（6）在右侧额角处加线，将中间刘海的3条边继续向右挤出，刘海的点和额角的点合并在一起，如图9-37和图9-38所示。

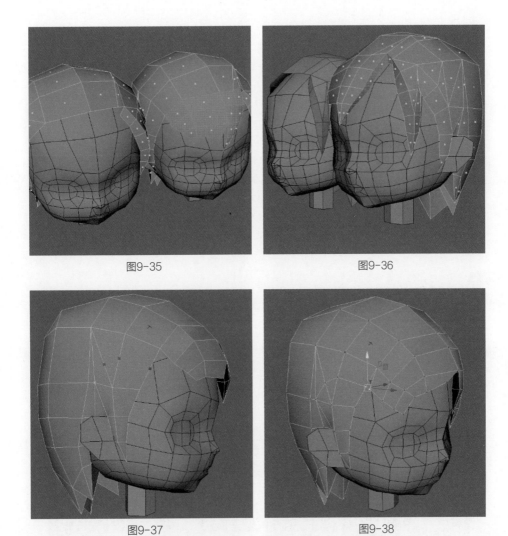

图9-35

图9-36

图9-37

图9-38

（7）挤压刘海的3条边，在眼睛下端收缩合并，点调整完成后的刘海造型如图9-39所示。执行"网格工具>附加到多边形"命令，将刘海背后的面进行封闭并做出厚度，避免旋转时穿帮，如图9-40所示。

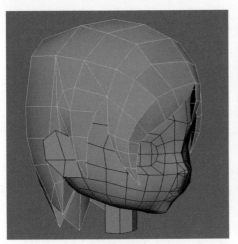

图9-39

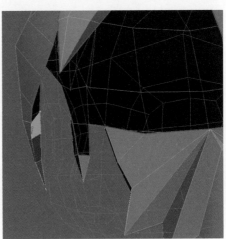

图9-40

（8）头发制作完成，效果如图9-41和图9-42所示。

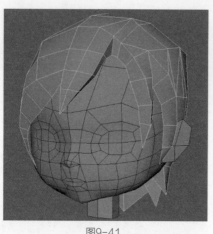

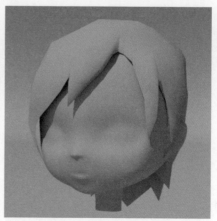

图9-41   图9-42

9.2.4 帽子和头部饰物建模

（1）创建一个十二棱柱，缩放至合适大小，如图9-43所示。对照参考图形状，调整十二棱柱为前端大、后端小，并插入一条循环边以鼓起侧边，如图9-44所示。

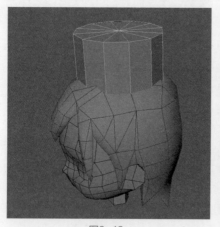

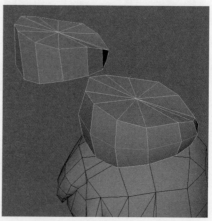

图9-43   图9-44

（2）在顶部加一个结构点，拱起帽子顶部，如图9-45所示。删去底部的面，将帽子的下沿点拉下穿插进头发中，完成帽子建模，如图9-46所示。

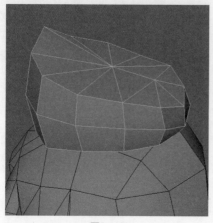

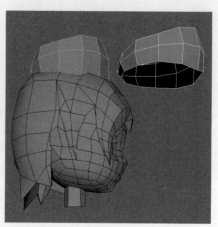

图9-45   图9-46

（3）蝴蝶结建模。创建一个"高度细分数"为"14"的长方形，利用调整点及挤面的方法做出蝴蝶结的平面图形，如图9-47所示。执行"多切割"命令插入结构线做出隆起结构，执行"附加到多边形"命令，补上底部的三角面，形状如图9-48所示。

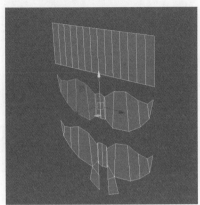

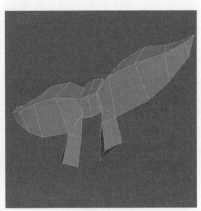

图9-47 　　　　　　　　　　　图9-48

（4）执行"网格>镜像"命令，在对象坐标模式下进行"-Z"轴向镜像合并，做出蝴蝶结的体积感。最后将蝴蝶结形状调整为向后翘起并放置到头部相应位置，效果如图9-49和图9-50所示。

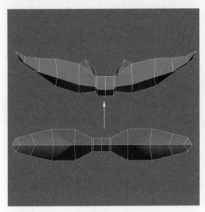
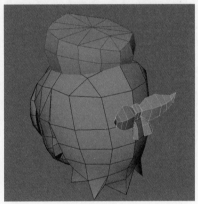

图9-49 　　　　　　　　　　　图9-50

（5）猫耳饰的制作。耳饰像猫耳朵，两侧的弧线明显，上方尖锐有开叉，下方有体积感。先制作耳朵的平面，建一个基本平面，加结构线调整为上方有3个端点的形状，如图9-51所示。整体挤出厚度，在背后的中间加一条结构线；执行"目标焊接"命令，合并四周的点，把中间3条纵向结构线向后拉出厚度，猫耳饰建模基本完成，如图9-52所示。

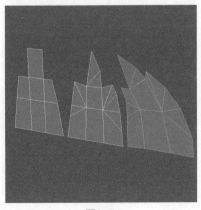
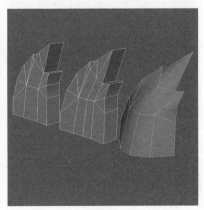

图9-51 　　　　　　　　　　　图9-52

（6）微调结构点做出细节，将耳饰旋转，摆放到合适位置，如图9-53和图9-54所示。

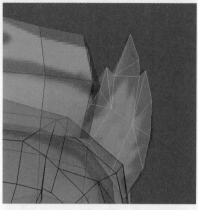

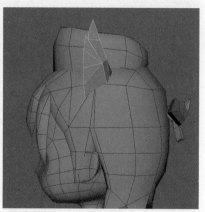

图9-53

图9-54

（7）帽子、蝴蝶结和猫耳饰建模完成，效果如图9-55和图9-56所示。

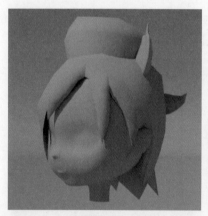

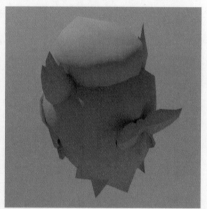

图9-55

图9-56

9.2.5 躯体建模

（1）创建一个"高度细分数"为"8"的棱柱，把截面调整为中间长、两侧短的形状，如图9-57所示。加线大致调出胸部和腹部，如图9-58所示。

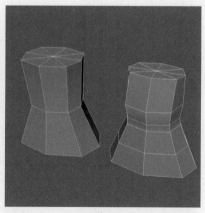

图9-57

图9-58

（2）向上挤出肩膀大致形状，如图9-59所示，对着前、侧视图调整结构线，收腹，突出胸部，如图9-60所示。

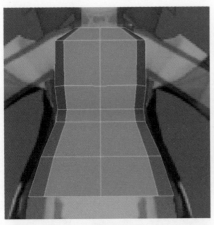
图9-59

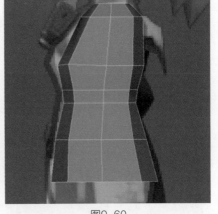
图9-60

（3）删去一半模型，再进行对称的实例复制。然后在胸部加结构线，把胳膊处调成八边形形状，如图9-61所示。在胸部侧方加一条结构线，保证胸部的形状能隆起不塌，如图9-62所示。

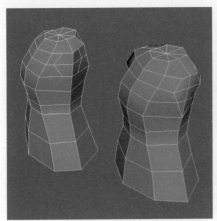
图9-61

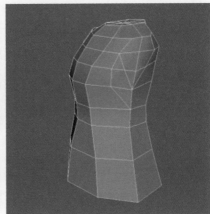
图9-62

（4）在腰腹部加结构线，调整结构，如图9-63所示。后背有衣服遮住，因此结构线可以适当合并，如图9-64所示。

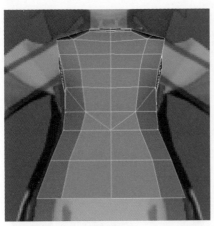
图9-63

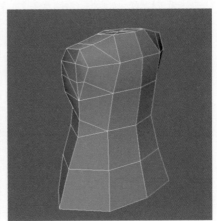
图9-64

9.2.6 手臂建模

（1）手臂可以单独做好再与身体合并。创建一个六棱柱，按照参考图倾斜缩放六棱柱，加环状结构线做出手臂的大体起伏，手肘的关节处有3条结构线以方便进行动作，如图9-65和图9-66所示。

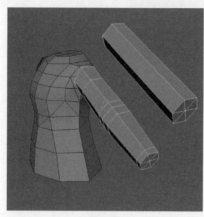

图9-65　　　　　　　　　　　图9-66

（2）手掌也可以单独建模。复制手臂末端的面片，向前挤出三次，调整结构点做出手掌和并拢弯曲手指的体块，如图9-67和图9-68所示。

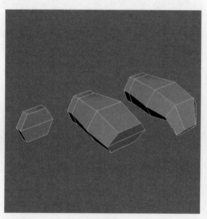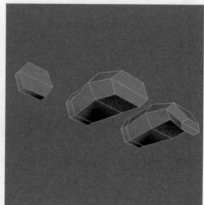

图9-67　　　　　　　　　　　图9-68

（3）挤出拇指根部大形，如图9-69和图9-70所示。

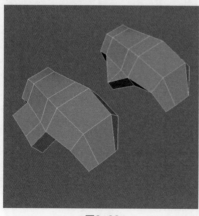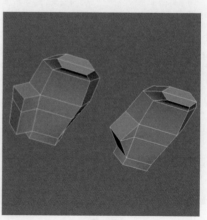

图9-69　　　　　　　　　　　图9-70

（4）调整手掌布线，并挤出拇指大形，如图9-71和图9-72所示。

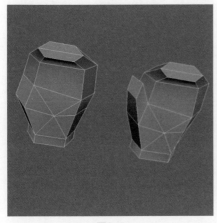

图9-71

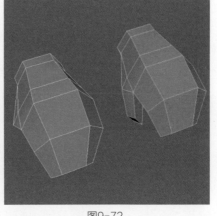

图9-72

（5）调整拇指大形和掌心的布线，然后进行减面，如图9-73和图9-74所示。

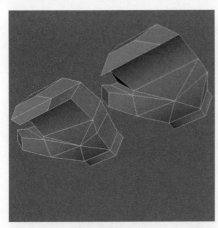

图9-73

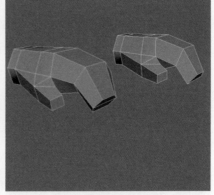

图9-74

（6）分别删去手臂和手掌的横截面，如图9-75所示，调整位置将它们合并在一起，并合并相应的点，如图9-76所示。

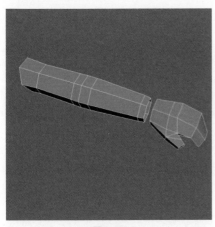

图9-75

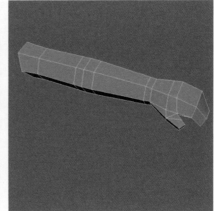

图9-76

（7）删去躯体与手臂连接处的面，如图9-77所示，拼接手臂和躯体，实例复制出另一半的模型，效果如图9-78所示。

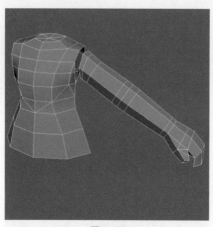

图9-77

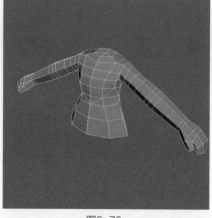

图9-78

9.2.7 腿部建模

（1）创建一个六棱柱，调整为大腿的形状，如图9-79和图9-80所示。

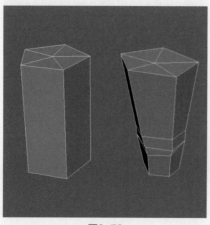

图9-79

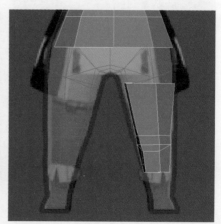

图9-80

（2）删去顶面，如图9-81所示，向上挤出大腿根部，再横向挤出裆部，如图9-82所示。

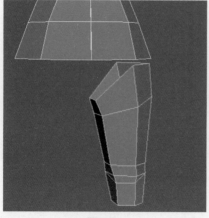

图9-81

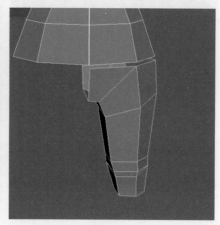

图9-82

（3）在大腿后部加结构线，做出臀部结构，形状如图9-83和图9-84所示。

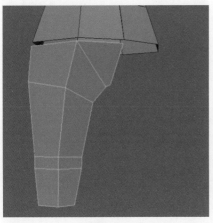

图9-83

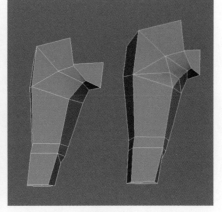

图9-84

（4）将大腿与上半身合并，躯体形态如图9-85和图9-86所示。

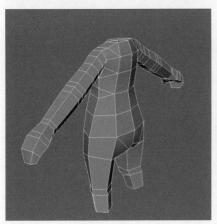

图9-85

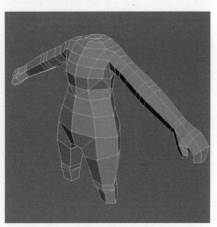

图9-86

（5）靴子的建模。创建一个六棱柱，挤出靴子大形，如图9-87所示。加结构线做出前脚掌结构，选择靴子的顶面，执行"编辑网格>提取"命令，把顶面和靴子分离，如图9-88所示。

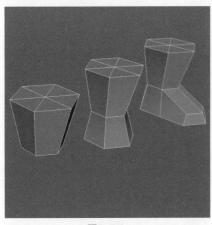

图9-87

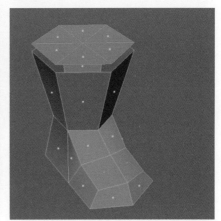

图9-88

（6）挤出靴口的厚度，如图9-89所示，再向下挤出靴子的折边；把刚才提取出的面的中点往下拉，做出纵深，如图9-90所示。不要把做这个纵深用的面和靴子的点焊接在一起，避免产生非流形几何体。

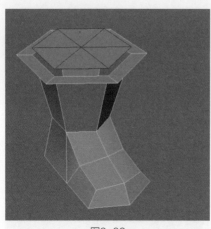

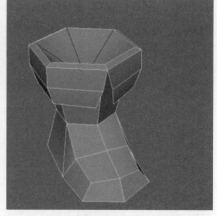

图9-89

图9-90

（7）将头、躯体、靴子合并，效果如图9-91和图9-92所示。

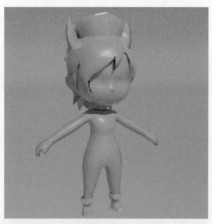

图9-91

图9-92

9.2.8 衣服和裙子建模

（1）创建一个十二棱柱，如图9-93所示，加结构线调成葫芦形，如图9-94所示。

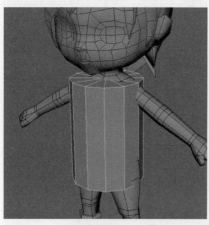

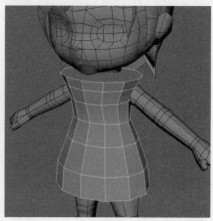

图9-93

图9-94

（2）删除一半模型，并进行对称实例复制，调整形状如图9-95和图9-96所示。

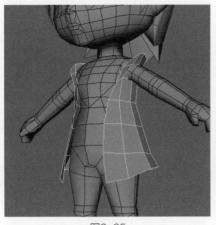
图9-95

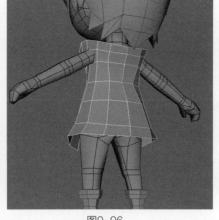
图9-96

（3）在顶端挤出大翻领，如图9-97和图9-98所示。

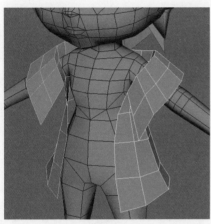
图9-97

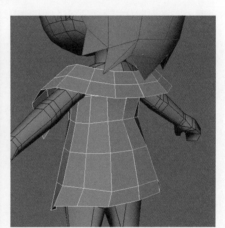
图9-98

（4）转折处的边要进行倒角，做出一个折面，领口的点进行焊接，形成小圆领，如图9-99所示。衣服开襟处和下摆挤出一面片体现厚度，胳膊处加结构线做出纵深，以便手穿过去，如图9-100所示。

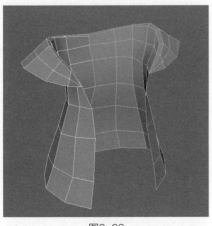
图9-99

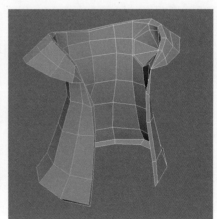
图9-100

（5）用一个八棱柱做出衣袖，如图9-101所示。把袖子对接到衣服上，点和点可以对齐，但不要焊接到一起，避免产生非流形几何体，如图9-102所示。

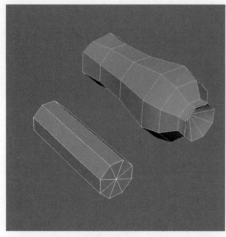

图9-101

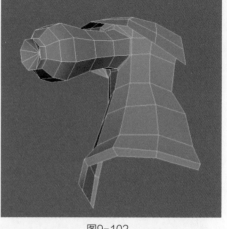

图9-102

（6）用八棱柱制作裙子基本大形，如图9-103和图9-104所示。

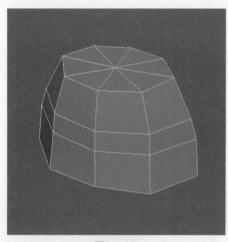

图9-103

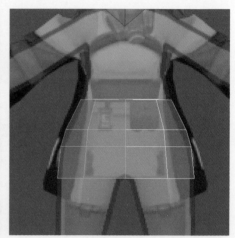

图9-104

（7）在裙子上开一个叉，如图9-105所示，后半部可减去一圈结构线，如图9-106所示。

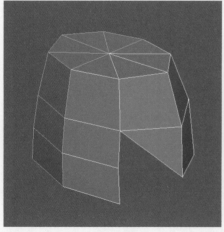

图9-105

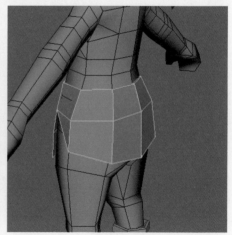

图9-106

（8）衣服和裙子效果如图9-107和图9-108所示。

图9-107

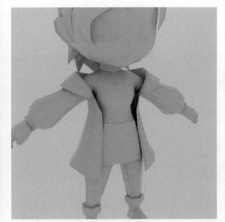

图9-108

9.2.9　配件建模

（1）吊饰的制作。把一个十棱柱压扁，加结构线使中部隆起，如图9-109所示。后半部进行收缩，再删去尾部一半的面，如图9-110所示。

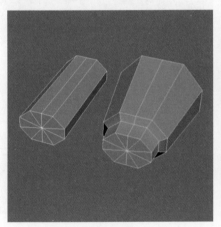

图9-109

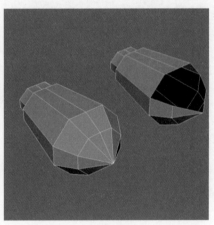

图9-110

（2）执行"网格工具>附加到多边形"命令，把删去的面补回来，变成垂直相交的面，如图9-111所示；再制作两个长方体放在两侧，形成吊坠主体，如图9-112所示。

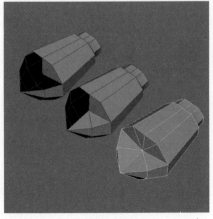

图9-111

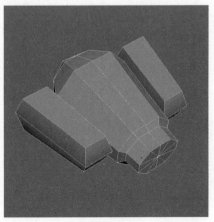

图9-112

（3）创建有12条节的环，删去一半后进行对称实例复制，做出链子，图9-113所示，与吊坠主体合并后效果如图9-114所示。

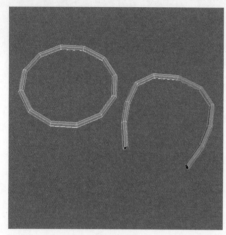
图9-113

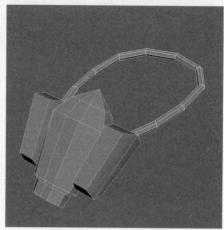
图9-114

（4）根据参考图做出腰间的卡牌和道具包，效果如图9-115和图9-116所示。

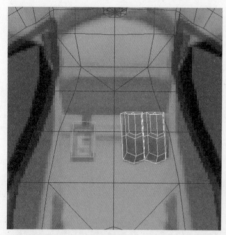
图9-115

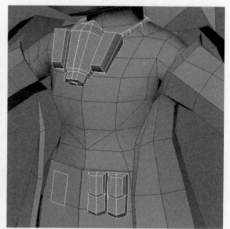
图9-116

（5）模型制作完成，加个垫板，全身渲染后效果如图9-117和图9-118所示。

图9-117

图9-118

9.3 课程作业参考

图9-119和图9-120所示为数字媒体艺术专业同学参考模型玩具制作的人物角色模型。

图9-119

图9-120

9.4 思考与练习

（1）找一个喜欢的角色的模型玩具，自行拍摄三视图并进行建模。

（2）根据游戏原画和三视图，按照游戏制作规范制作一个人物角色模型。

第**10**章

游戏角色贴图绘制案例：
医疗女战士

当前很多在全球广泛流行的游戏都采用手绘贴图模型，如《英雄联盟》《王者荣耀》等。手绘贴图模型的面较少，所需计算量少，可兼容较低配置的载体设备，适合广大的游戏用户群体。

游戏中的手绘贴图是指使用绘图软件绘制，体现模型的造型、颜色、光影、质感关系的数字图像。手绘贴图的模型只有漫反射和透明度两个信息通道，物体的光影和色彩关系无法通过实时光影计算，需要制作者自行分析并通过良好的美术技能绘制出来。

手绘贴图的角色模型一般会默认顶方斜45°光源，这也是玩家进行游戏时的俯视视角。素描中的五大调子关系，如高光、中间调、明暗交界线、反光、投影等要素，在游戏模型贴图中依旧存在。不过贴图中的暗面和投影不能如绘画般采用灰色，而是要保持一定的色彩饱和度，让模型能从复杂环境中凸显出来。

角色模型包含人体和衣物盔甲，涉及的材质通常有皮肤、毛发、金属、皮革、布料和木料等。各种材质都有独特的纹样肌理和光影效果，如金属有硬朗的轮廓、强烈的亮暗反差和明确的高光范围，而布料形态转折柔且没有明显的高光边缘。各种材质的绘制表现是手绘贴图模型的核心工作。绘制贴图时，相同的部位常独立创建一个绘图文件夹。先用深色勾线和不同的平涂色块进行初步定位；再用大笔触进行明暗过渡，逐层画出质感。

手绘贴图角色模型的UV拆分要服务于绘制。那种把UV全平摊开，但碎片较多，且脸部变形的UV拆分法不适用于游戏模型，会导致脸部绘制难度加大，同时接缝过多导致过渡生硬。游戏角色头部模型的UV常规拆分法是正面保持平视角度，侧边连接脸颊、耳朵，上方连接额顶至发际线，下方连接下颌、脖子；让整个正侧面头部UV都结合一体并保持正面脸部不变形，脖子、后脑等次要部位UV可拉伸。服装的UV拆分可以进行边缘拉直，以节省贴图空间。

本章讲解卡通风格的游戏人物角色模型的贴图。所用模型是第9章制作的医疗女战士，内穿紧身护士短裙，外披蓝大褂。制作时把模型UV按相应规范拆分好，利用Bodypaint 3D进行定位，在平面软件中完成贴图工作。通过对本案例的学习，读者可掌握游戏角色模型UV拆分展开的方法，学习皮肤、毛发、布料等材质的绘制技巧，能够应用制作规范完成游戏角色模型的贴图工作。

本章要点

- 游戏角色模型的UV拆分规范。
- 贴图的绘制思路。
- 医疗女战士模型的UV拆分。
- 医疗女战士模型的贴图绘制。

微课视频

10.1 医疗女战士贴图绘制案例分析

10.1.1 UV拆分思路

本案例讲解角色模型的UV拆分和贴图，案例效果如图10-1和图10-2所示。头部的大形类似一个圆柱体，可以先用圆柱体映射方式创建UV，再进行优化展开。后脑部位基本被头发遮住而且没什么结构，可以不用考虑拉伸关系，大胆地拉直以节省贴图空间。耳朵一般单独剪出在别处展开，以方便绘制。头发的主接缝线安排在耳朵上方到头顶的结构线处，正好有帽子和猫耳饰遮住大部分接缝部位。另一条接缝线在后脑的中轴线处，因为是对称贴图，所以接缝效果不需要考虑。头发内折面的UV单独剪出，转折处的硬边处理要避免有黑线。

图10-1　　　　　　　　　　　　　　　　　图10-2

　　躯体和腿的模型是对称的，可以把UV连接在一起，进行拉直处理以便绘制。衣服有翻领结构，如果不用双面结构，就采用法线反转；可把袖子部位到领口的黄色部分的UV单独剪出另绘贴图。

　　其他部位的UV拆分比较简单，基本上剪开UV线，自动展开UV并打直边界即可。在UV空间分布上，可把脸部和头发的区域放大一点。

　　贴图绘制比较方便、简单，可先烘焙一张AO贴图作基本明暗的参考再画，也可以直接画上颜色和明暗。绘制贴图时，先在Bodypaint 3D上画基本色块进行定位，再在Photoshop中画细节，最后回Bodypaint 3D处理一下接缝。

10.1.2　学习内容

　　按照企业的游戏制作标准，根据原画对人物角色建模进行UV拆分和贴图绘制。

　　课程目标：

　　（1）学习游戏角色UV拆分和贴图绘制的方法；

　　（2）完成Bodypaint 3D的入门学习；

　　（3）通过完成有难度的人物角色的建模，保持创作的"饥饿"感。

　　主要命令：UV>创建>基于摄像机 、UV>创建>平面、"UV工具包"窗口里的"展开"和"拉直"按钮。

　　主要知识点：UV拆分和编辑、Bodypaint 3D处理接缝、Photoshop绘制步骤。

10.2　医疗女战士UV拆分与贴图绘制操作

10.2.1　头部的UV拆分

　　（1）选择模型，执行"UV编辑器"窗口中的"创建>基于摄像机"命令，创建一个UV映射，把身体各个部位的UV合成相对独立的整体，如图10-3和图10-4所示之后再逐个拆分每一个部位的UV。

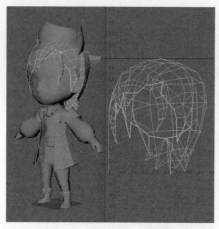

图10-3   图10-4

（2）头部的UV拆分。创建层，隐藏其他部分，只留头部。此时头部UV如图10-5所示。用棋盘格贴图显示可看出有严重的拉伸，如图10-6所示。

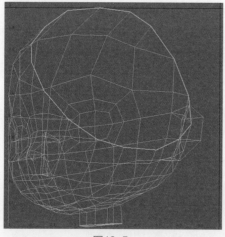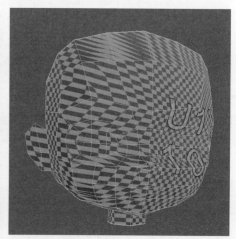

图10-5   图10-6

（3）把脖子、耳朵和后脑的UV线剪切开，如图10-7所示。选择主体UV壳，执行"UV>圆柱形"命令，创建一个圆柱体映射UV，如图10-8所示。

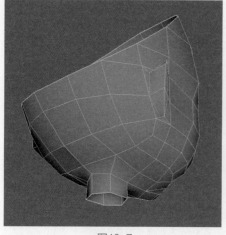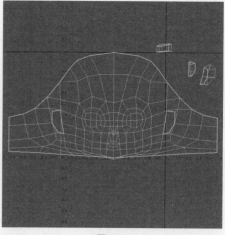

图10-7   图10-8

（4）观察棋盘格效果，除了下颌部位的UV有拉伸，脸的正面、侧面和后脑的UV都拆分得比较均匀，如图10-9所示。保留正面的UV基本不动，手动调整头顶、下颌和后脑部位的UV。后脑部位因为被头发遮住，因此可以减小UV面积；下颌基本上不画结构，只是一个色块，因此有一定拉伸也没关系，效果如图10-10所示。（小贴士：可删掉一半模型，再进行对称的实例复制，这样下颌中间的UV点可以在U方向上移动）

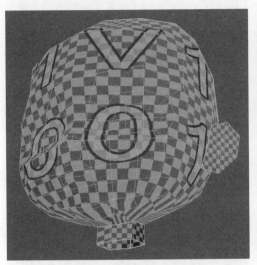

图10-9

图10-10

（5）将耳朵顶部的两条UV线剪开，如图10-11所示。展开UV后再手动微调，UV形态如图10-12所示。

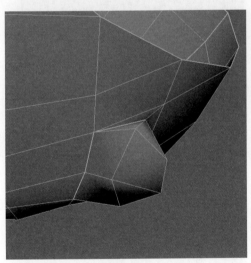

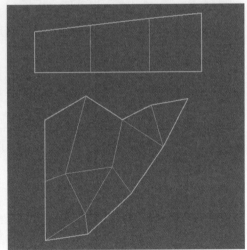

图10-11

图10-12

10.2.2 身体各部位的UV拆分

（1）身体模型目前组合了躯体、腿、手臂和手掌，需要先把各大部位的UV线剪开。在胳膊处和手腕处剪开UV线，把身体分为躯体和腿、手臂、手掌3部分，如图10-13和图10-14所示。

（2）手臂的UV拆分。将手臂下方的UV线剪开，如图10-15所示。然后单击"UV工具包"窗口中的"展开"按钮，把UV平摊开；选择中间的纵向UV线，按住"Shift"键并单击鼠标右键激活浮动菜单，选择"拉直壳"选项，把整个UV壳垂直放正，如图10-16所示。

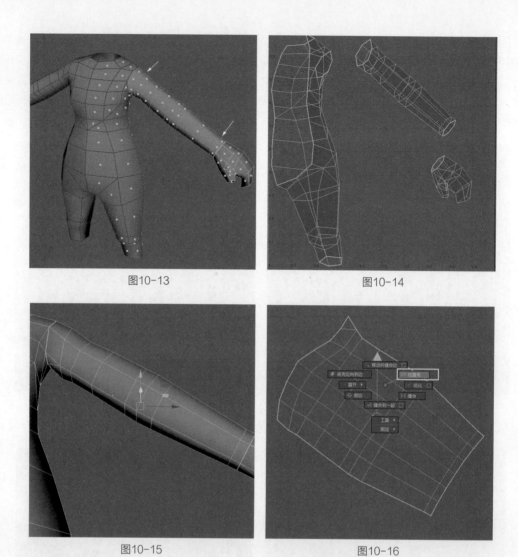

图10-13　　　　　　　　　　　图10-14

图10-15　　　　　　　　　　　图10-16

（3）选择手臂所有UV，单击"UV工具包"窗口中的"展开>拉直UV"按钮，在V方向上拉直UV。然后选择除了上方两行UV点以外的所有UV点，在U方向上拉直UV，完成手臂的UV拆分，如图10-17所示。手臂的棋盘格效果显示如图10-18所示。

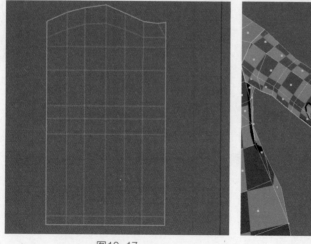

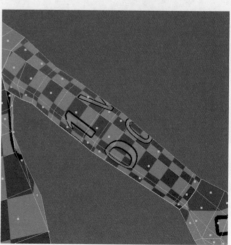

图10-17　　　　　　　　　　　图10-18

（4）手掌的UV拆分。选择图10-19所示的结构线，剪切UV线。单击"UV工具包"窗口中的"展开"按钮，把UV平摊开，如图10-20所示。

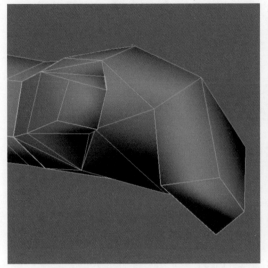

图10-19

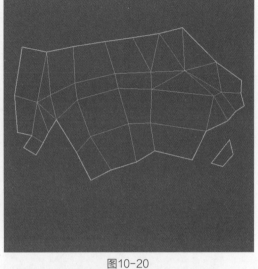

图10-20

（5）选择中间的纵向UV线，按住"Shift"键并单击鼠标右键激活浮动菜单，选择"拉直壳"选项，把整个UV壳垂直放正。然后对上下方的UV线进行手动取直，合并拇指顶面的UV点，调整形状如图10-21所示。手掌的棋盘格效果显示如图10-22所示。

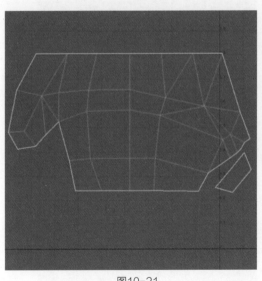

图10-21

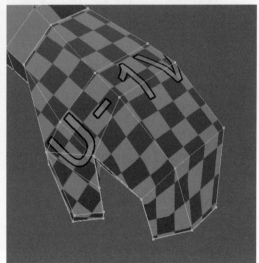

图10-22

（6）躯体和腿的UV拆分。把肩膀处的结构线剪开，如图10-23所示。把腿部内侧的结构线剪开，如图10-24所示。

（7）展开UV并在中间纵线对齐壳之后，UV形状如图10-25所示。在U方向拉直UV后，UV形状如图10-26所示。

（8）选择V方向外框的UV点，按住"Shift"键并单击鼠标右键激活浮动菜单，拉直边界；再手动微调领口，把腿部两端的点在U方向上对齐，最后拆分UV，如图10-27所示。躯体和腿的棋盘格效果显示如图10-28所示。

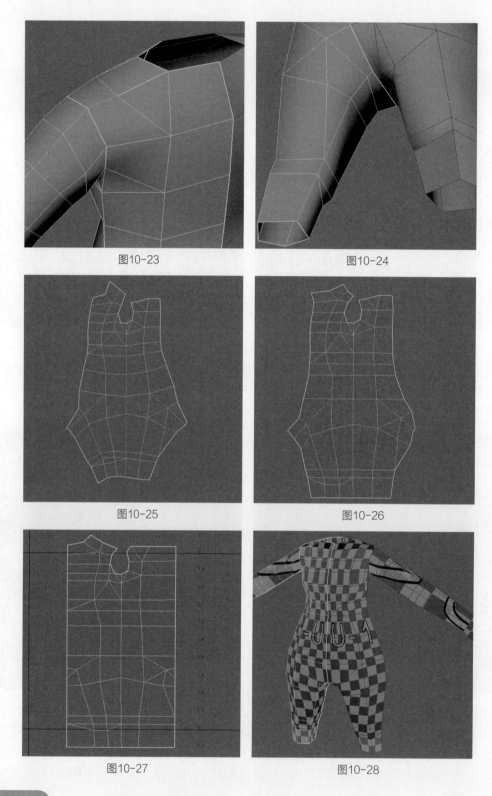

图10-23

图10-24

图10-25

图10-26

图10-27

图10-28

10.2.3 靴子和衣服的UV拆分

（1）靴子的UV拆分。把靴口的折边、鞋底和靴子中线的UV线剪开，如图10-29所示。单击"UV工具包"窗口中的"展开"按钮，把各部分UV平摊开，如图10-30所示。

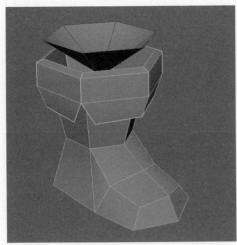

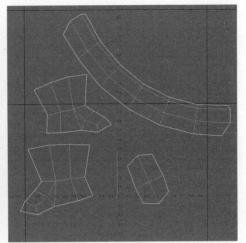

图10-29   图10-30

（2）进行拉直处理后，UV如图10-31所示。靴子的棋盘格效果显示如图10-32所示。

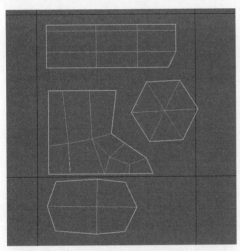

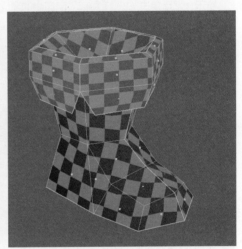

图10-31   图10-32

（3）裙子的UV拆分。把裙子转折边剪开，如图10-33所示，展开的UV如图10-34所示。

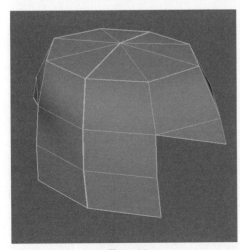

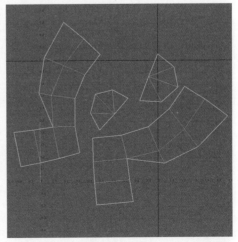

图10-33   图10-34

（4）取直UV后，如图10-35所示，裙子的棋盘格效果显示如图10-36所示。

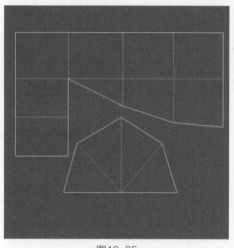

图10-35

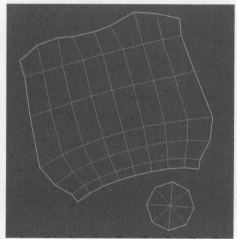

图10-36

（5）外衣UV的拆分。袖子模型是单独制作的，可先进行袖子的UV拆分。把袖口和袖子底部的纵线剪开，如图10-37所示；然后单击"UV工具包"窗口中的"展开"按钮，把各部分UV平摊开，如图10-38所示。

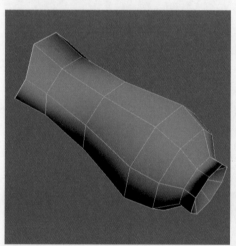

图10-37

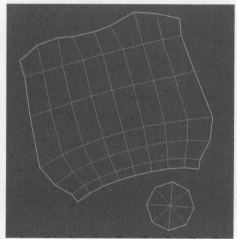

图10-38

（6）进行UV拉直和边界取直后，UV如图10-39所示。袖子的棋盘格效果显示如图10-40所示。

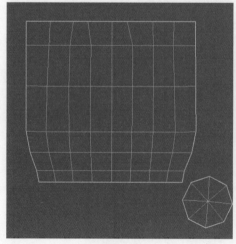

图10-39

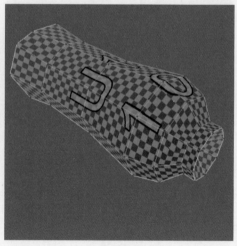

图10-40

（7）外衣的领口和胳膊窝处有黄色色块，为绘制方便，把衣服的UV从黄色块处剪开，如图10-41所示，展开后效果如图10-42所示。

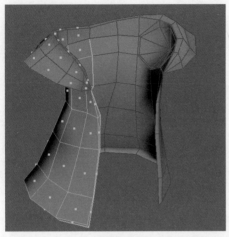

图10-41　　　　　　　　　　　　　　　　图10-42

（8）调整后的UV形状如图10-43所示。外衣的棋盘格效果显示如图10-44所示。

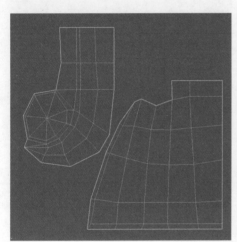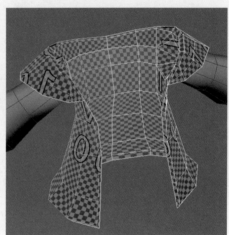

图10-43　　　　　　　　　　　　　　　　图10-44

10.2.4 头发和帽子的UV拆分

（1）头发比较复杂，前半部分是不对称的，后半部分的贴图对称，要分为几块进行拆分。首先把表面和内侧面的分界UV线剪开，然后在头发的顶部进行横剪，如图10-45所示。头顶有帽子和猫耳饰遮盖，接缝基本上看不到。后脑勺的UV也要剪开，这样头发才能更好地展开，如图10-46所示。

（2）把各区域的头发进行UV展开。由于头发造型是不规则的，因此为了绘制方便，只让部分UV边界进行取直。后脑的两大块UV壳可以重叠在一起，以便共用贴图。内侧面的头发UV散开后数量较多，可以把类似的形状对齐重叠，由于都在内侧面，基本上看不到。最后整理好的UV如图10-47所示，头发的棋盘格效果显示如图10-48所示。

（3）帽子的UV拆分。沿着中线剪开，如图10-49所示。单击"UV工具包"窗口中的"展开"按钮，把UV平摊开；选择底下的UV边，按住"Shift"键并单击鼠标右键激活浮动菜单，选择"拉直壳"选项，把UV边取直，如图10-50所示。

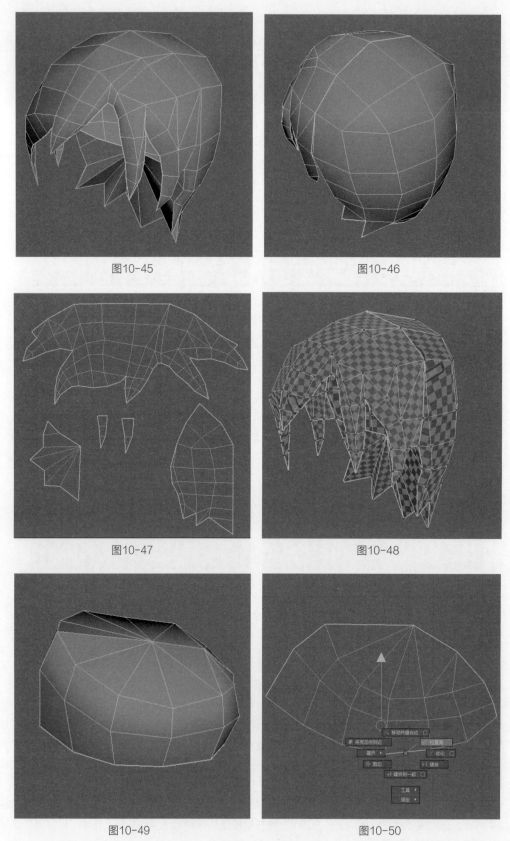

图10-45

图10-46

图10-47

图10-48

图10-49

图10-50

（4）UV取直和整理后的形状如图10-51所示。帽子的棋盘格效果显示如图10-52所示。

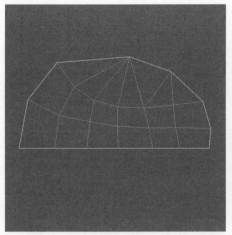

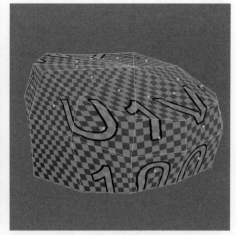

图10-51　　　　　　　　　　　　　　　　图10-52

10.2.5　装饰物的UV拆分

（1）剪开猫耳饰的UV线，如图10-53所示。最终拆好的UV如图10-54所示。

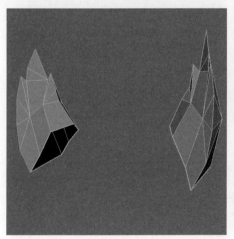

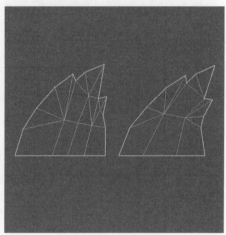

图10-53　　　　　　　　　　　　　　　　图10-54

（2）蝴蝶结比较扁平，直接沿着z轴创建一个平面映射，对称重叠后的形状如图10-55和图10-56所示。

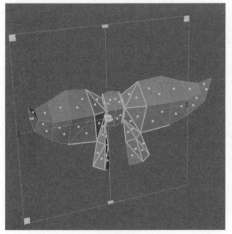

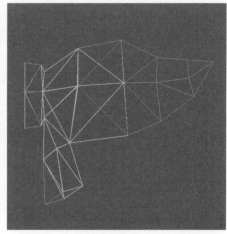

图10-55　　　　　　　　　　　　　　　　图10-56

（3）吊坠的UV拆分。根据图10-57所示的位置剪开吊坠UV线，展开后的形状如图10-58所示。

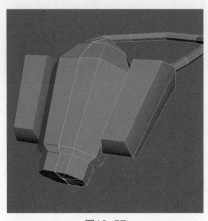
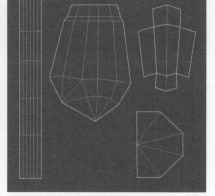

图10-57　　　　　　　　　　　　　　　　图10-58

（4）医疗包的UV拆分。剪开医疗包的UV线，如图10-59所示。展开后的形状如图10-60所示。

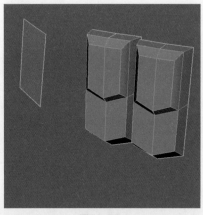
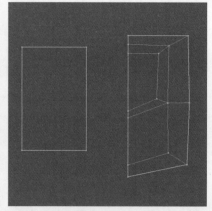

图10-59　　　　　　　　　　　　　　　　图10-60

（5）UV排布。角色的UV虽然已经拆分好了，但目前各部分的比例大小还不一致，而且摆放还比较乱，超出有效的"0，1"范围，如图10-61所示。整理UV：脸部的UV放大，通常放在左上角；其他部分根据重要度调整UV面积的大小，底面、背面如果很少被看到，则可以大幅缩小面积。最终拆好的UV如图10-62所示。最后选择所有UV，执行"UV编辑器>图像>UV快照"命令，打开参数栏，导出一张1024像素×1024像素的PNG格式图片，以便参考画贴图。

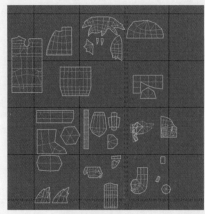

图10-61　　　　　　　　　　　　　　　　图10-62

10.2.6 快速学习Bodypaint 3D

人物角色模型比道具模型复杂，也涉及比较多的接缝。一般建议用Bodypaint 3D辅助绘制贴图，Bodypaint 3D对接缝的处理比较优秀，绘图功能也很强大，可以在物体上直接绘图，即绘即可见。习惯Bodypaint 3D的工作人员可只用该软件完成整个绘图工作。习惯用Photoshop绘图的人员，也可以先用Bodypaint 3D填充底色和进行大致的定位，再导入Photoshop进行精细绘制。等绘制基本完成后再用Bodypaint 3D进行后期的接缝处理。

要详细讲解Bodypaint 3D可以写出一本单独的教材。初学者不宜同时过深学习太多的软件，应有选择地学习一些核心功能。本节则用一个简单例子快速学习Bodypaint 3D。

（1）创建一个高、宽、深细分数均为3的正方形，如图10-63所示。打开"UV编辑器"窗口，执行"图像>UV 快照"命令，把默认UV输出为一个512像素×512像素的白底JPEG图片，正方体也导出为OBJ格式，如图10-64所示。

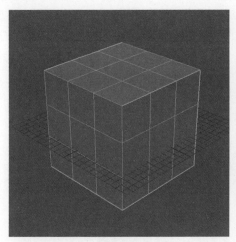

图10-63　　　　　　　　　　　　图10-64

（2）在Bodypaint 3D中打开刚才的正方体OBJ文件，用鼠标右键单击材质球，执行"纹理通道>颜色"命令，如图10-65所示，创建一张颜色图片，在弹出的窗口中选中"现有文件"选项，打开刚才导出的UV图，如图10-66所示。

图10-65

图10-66

（3）此时正方形就贴上了UV图，是一个黑底白线框的样子，如图10-67所示。此时可以进行绘画了，但一般UV图是用于参考的，宜进行置顶处理。打开"图层"面板，新建一个图层，执行"编辑>填充图层"命令，为新图层填充浅蓝色，如图10-68所示。

图10-67

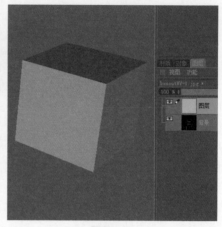

图10-68

（4）把UV层（背景层）拖动到上方，将透明度改为"50%"，合成模式改为"屏幕"；UV图不再显示为原来的黑色，白线框变淡，可以当参考图用，此时正方体成为一个蓝底淡色白边的样子，如图10-69所示。在蓝色图层上面新建一个图层，跨面画一个黄色的实心圆形；再创建一个新图层，用黑色在黄底图层上画一个娃娃头像轮廓。图层如图10-70所示。

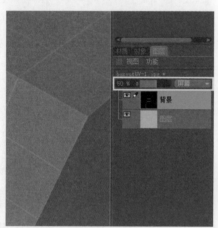

图10-69

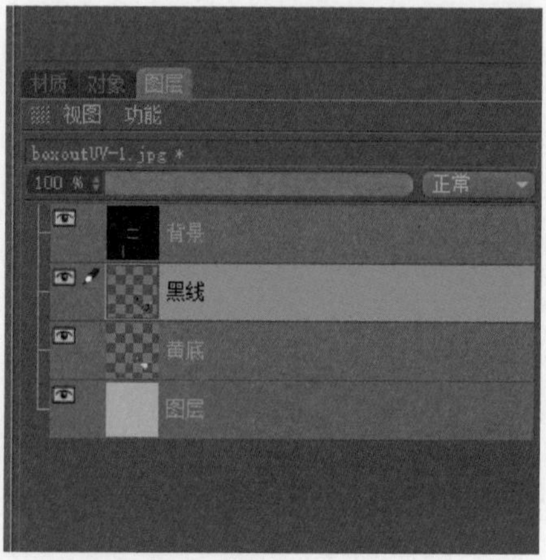

图10-70

（5）此时，视图中正方体的颜色贴图如图10-71所示，纹理效果如图10-72所示。虽然这两个相连面的UV是分开的，但接缝处非常流畅。

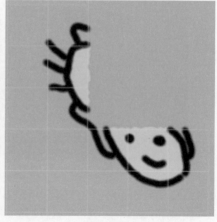

图10-71

图10-72

（6）执行"文件>保存纹理"命令，把贴图存储为PSD格式，如图10-73所示。在Photoshop中打开这张PSD贴图，发现图层、命名、层合成模式、透明度等元素全保留了下来，如图10-74所示。可用Photoshop进行精细绘画，再随时导入Bodypaint 3D中观察或补接缝。Bodypaint 3D的快速学习完毕。

图10-73

图10-74

10.2.7 医疗女战士的贴图绘制

（1）在Maya中把医疗女战士模型导出为OBJ格式，并用Bodypaint 3D将其打开。双击材质球，把预先做好的透明UV线框的PSD格式图片拉到"纹理"一栏，如图10-75所示，效果如图10-76所示。（小贴士：因为Bodypaint 3D不支持PNG格式，但支持PSD格式，所以可以在Maya中把UV快照先输出为大小为1024像素×1024像素的PNG格式，再在Photoshop中另存为PSD格式）

图10-75

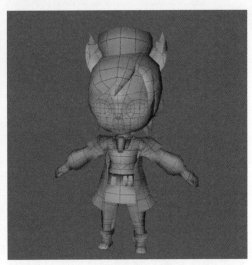

图10-76

（2）把UV层置顶、透明度调低以作参考。添加一个新层，调整合适的笔刷和颜色，如图10-77所示，然后进行大体的绘制，如图10-78所示。

（3）铺大色，大致定位后，三维着色效果如图10-79所示，视图窗口如图10-80所示。

（4）画上眼睛等五官大体形状，三维着色效果如图10-81所示，视图窗口如图10-82所示。

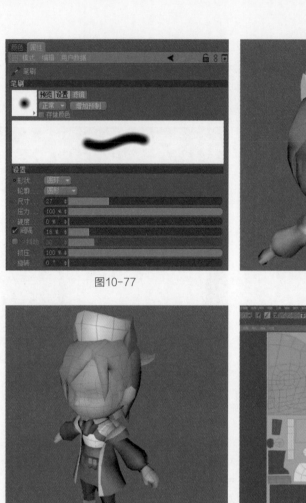

图10-77

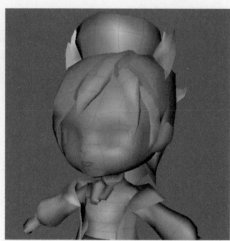

图10-78

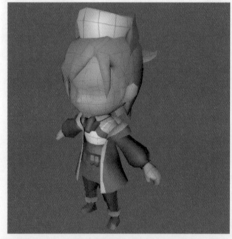

图10-79

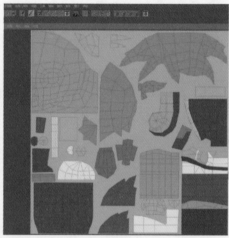

图10-80

图10-81

图10-82

（5）勾勒头发的分缕大结构、猫耳饰和手部的基本线形、衣服和手臂的基本明暗等。此时可以将其导出为PSD格式文件，再到Photoshop中进行精细绘画。三维着色效果如图10-83所示，视图窗口如图10-84所示。

图10-83

图10-84

（6）给头发加上高光，如图10-85所示，将脸部精细化，如图10-86所示。

图10-85

图10-86

（7）给躯体、手臂、袖子加上明暗，如图10-87和图10-88所示。

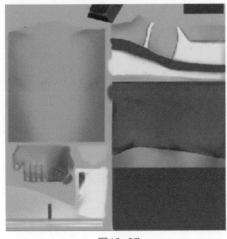

图10-87

图10-88

（8）画出靴子的基本形状，如图10-89和图10-90所示。

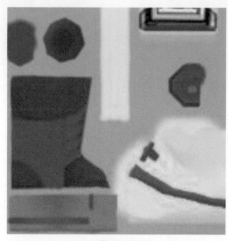 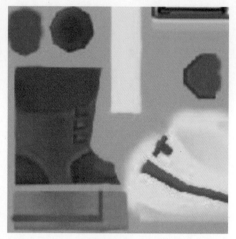

图10-89 图10-90

（9）将猫耳饰进行细化，如图10-91和图10-92所示。

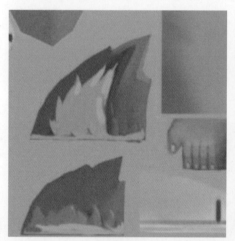 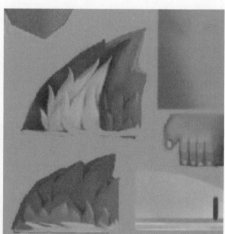

图10-91 图10-92

（10）贴图完成，如图10-93所示，三维着色效果如图10-94所示。

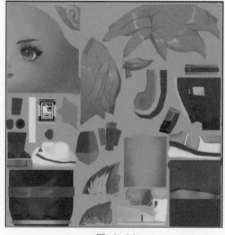 

图10-93 图10-94

（11）在Maya中进行Aronld渲染，渲染好后效果如图10-95和图10-96所示。

图10-95

图10-96

10.3　课程作业参考

图10-97和图10-98所示为数字媒体艺术专业同学的游戏角色模型作品。

图10-97

图10-98

10.4　思考与练习

（1）游戏角色模型的UV拆分有哪些要点？

（2）根据学过的知识，拆分一个游戏模型的UV并绘制贴图。

（3）进行毛发、布料、皮肤等材质的绘制练习。

第11章 | PBR流程游戏模型制作案例：男性头像

PBR即Physically Based Rendering，意思为基于物理属性的渲染。这是一种被电影和游戏业界广泛使用的着色和渲染技术，PBR流程下的模型视觉表现更加符合物理规律，光照表现也更逼真。

传统手绘的游戏模型把阴影和高光信息画在漫反射贴图上，这些光影位置是固定的，没法跟随物体运动而改变，因此显得真实性不足。使用PBR流程制作的游戏模型一般包含漫反射、法线、金属度、光滑度、粗糙度、环境光遮蔽等贴图，这些贴图提供了如凹凸结构、遮蔽阴影、环境反射等物理信息，让模型质感更真实，而且在不同的光照环境下都可得到比较合理的光照表现。图11-1所示为采用传统手绘贴图制作的游戏模型，图11-2所示为使用PBR流程制作的游戏模型。

图11-1   图11-2

使用PBR流程制作的游戏模型在业界也常被称为"次世代模型"，意思是采用下一代建模标准制作的精良模型。这种模型具备两个特征：有更高的模型精度和有基于物理渲染的贴图质量。但高精度模型所需的性能开销大，容易卡滞游戏引擎，并不符合游戏建模中节省资源的原则。因此，需要采用低模配高品质贴图的办法来平衡精度和流畅度。

使用PBR流程制作模型的步骤为：制作高模→拓扑低模→拆分低模UV→将高模的细节烘焙贴图给低模→绘制修改贴图→完成制作。高模的产生可以先在Maya、3ds Max中制作中模后再导入ZBrush雕刻而成，也可以在ZBrush中直接制作出来，或者通过一些3D扫描软件获取。由于高模的面数可达数千万，无法在游戏引擎里流畅运行，所以需要重新拓扑为大众计算机或手机配置能运行的低模。高模的意义在于提供烘焙贴图，让低模通过贴图在视觉上也能获得高模的细节效果。烘焙通常在Substance Painter中完成，通过计算生成基础颜色、法线凹凸、环境光遮蔽、高度、金属度、粗糙度等贴图。

使用PBR流程制作的角色模型，即使是低模，其面也达数万个，远大于手绘贴图模型的数千面。但随着硬件性能的不断发展，当今主流配置的计算机和手机设备已可以流畅运行大部分的次世代游戏。

本章讲解使用PBR流程制作男性头像游戏模型。先用Maya将高模拓扑为低模，再在Substance Painter中烘焙贴图和完成皮肤、眉毛、眼球等部位的绘制。通过对本案例的学习，读者可以理解低模人物角色的头部布线规则，掌握利用Substance Painter烘焙贴图和绘制材质的技巧，能使用PBR流程制作角色模型。

本章要点

- 人物角色头部的布线规律。
- 利用Maya将高模拓扑为低模。

微课视频

- 利用Substance Painter烘焙贴图和绘制材质。
- 使用PBR流程制作男性头像模型。

11.1　男性头像模型制作案例分析

11.1.1　制作思路

本案例来自西部牛仔模型，如图11-3和图11-4所示。考虑到初学者，案例重点讲解角色头像的低面拓扑和贴图绘制，以及次世代模型的制作流程。

图11-3　　　　　　　　　　　　　　　图11-4

在这个案例中，Maya的工作是将其他软件生成的高模头像拓扑为低模头像。知识点涉及拓扑工具的应用及写实头部模型的布线规律。头部布线主要由人体结构和动画制作便利性来决定，通常两个眼睛各形成一个椭圆，嘴唇周围形成一个椭圆，从鼻梁、法令纹到下巴处形成一个大圆圈，如图11-5和图11-6所示。（小贴士：自己对着镜子做各种表情，观察五官的肌肉走向，理解在这几个圆圈处布线的作用）

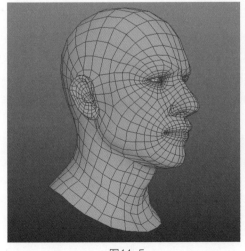

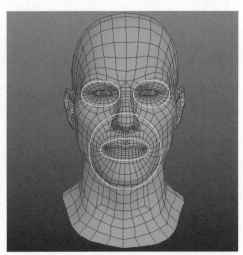

图11-5　　　　　　　　　　　　　　　图11-6

贴图材质使用Substance Painter完成，主要完成Base Color（基础颜色）贴图、Height（高度）贴图和Roughness（粗糙度）贴图。制作思路为高低模烘焙→制作皮肤高度肌理→制作皮肤亮暗部对比→制作皮肤基础纹理和粗糙度→添加皮肤的红蓝绿杂点→制作胡茬、眉毛、嘴唇等→调整皮肤透光度→制作眼球。大致制作流程如图11-7所示。

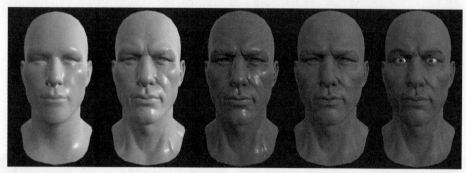

图11-7

学习内容

利用Maya把高模拓扑为低模，利用Substance Painter进行写实皮肤绘制。

课程目标：

（1）学习将高模拓扑为低模的技巧；

（2）理解头部模型的布线原理；

（3）掌握用Substance Painter进行头像贴图的流程，以及图层遮罩的应用技巧；

（4）理解各图层在写实皮肤绘制中的主要作用，构建逻辑思维。

主要命令：Maya的四边形绘制、UV编辑器、Substance Painter的图层和遮罩应用。

主要知识点：ZBrush高模的减面和导出、Maya利用四边形绘制工具拓扑的思路、头部模型的布线规律、Substance Painter的高低模烘焙和贴图绘制等。

11.2 男性头像建模和贴图操作

11.2.1 高模的减面和导出

ZBrush高面数的模型在导出前，要先减少模型的面数，避免模型因面数过高在其他软件中无法流畅运行。ZBrush减面过后的模型通常还不能直接应用于游戏，仍需在Maya或3ds Max中另行拓扑并进行合理布线和展开UV，最后才能配合高模进行细节烘焙。

（1）ZBrush高模减面。可在ZBrush中执行"Z插件>抽取（减面）大师"命令，先对当前需要减面的子工具进行预处理，设置需要抽取的模型面数的百分比或模型面数，最后单击"抽取当前"按钮就可以完成高模的减面，如图11-8所示。

（2）模型的导出。执行"工具>导出"命令，进行模型导出的设置。设置名称，导出两个面数不同的OBJ格式模型。面数较低的模型在其他建模软件中运行更为流畅，可作为模型拓扑使用；面数较高的模型因为保留了更多细节，可用在模型的烘焙中，如图11-9所示。

本书配套资源已经提供了减面后导出的模型，读者可以不学习用ZBrush进行减面导出的内容。

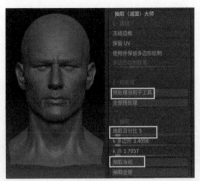

图11-8   图11-9

11.2.2 Maya拓扑低模

观察模型，即使经过了一轮减面，头像模型依然具有近7万个面，布线也很混乱，如图11-10所示，不能直接应用。但模型还保留着很多结构上的细节，可烘焙出有质量的贴图，如图11-11所示。

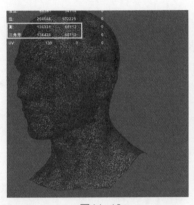
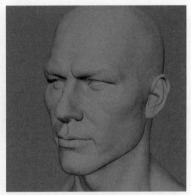

图11-10   图11-11

（1）拓扑需要在高模的表层上进行操作，高模应先为激活状态。选择模型，执行"修改 > 激活"命令或在状态行中单击"激活"按钮，模型进入激活状态。（小贴士：物体处于激活状态时，所有的创建编辑点线面行为都将只在该物体的表层进行）

在建模工具包中激活"四边形绘制"工具，拓扑对称方式为"对象X"轴，如图11-12所示。在激活的模型上单击4个点，形成一个区域，在区域内按"Shift+鼠标左键"可确定画出一个四边形，在相邻位置加两个点后再次按"Shift+鼠标左键"可以形成一个相邻的四边形。效果如图11-13所示。按住"Tab+鼠标左键"再拖曳边可快速拉出一个相邻四边形，按"Tab+鼠标中键"拖曳边可生成一排面，按"Ctrl+鼠标左键"可添加循环边。

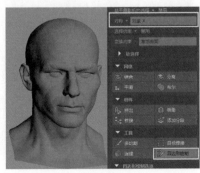
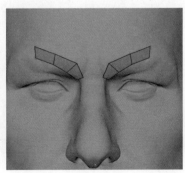

图11-12   图11-13

（2）分析和确定脸部动态结构线。用尽量少的面沿着眼部、鼻子、嘴巴、下巴进行动态结构连接，逐一把眼眶、嘴巴、鼻梁到下巴这4个结构圈出来。图11-14和图11-15所示是完成的眼眶基础结构圈及部分鼻梁拓扑。

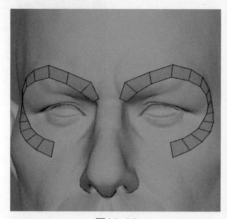

图11-14

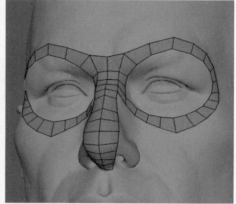

图11-15

（3）完成鼻子拓扑和嘴巴的基本结构圈，如图11-16和图11-17所示。

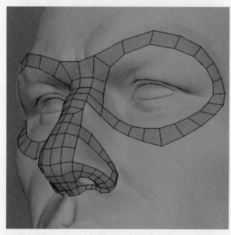

图11-16

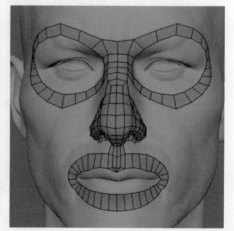

图11-17

（4）完成从鼻梁到下巴的基础结构圈，如图11-18和图11-19所示。

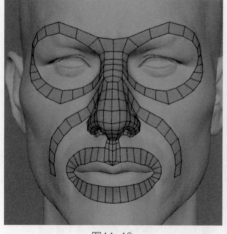

图11-18

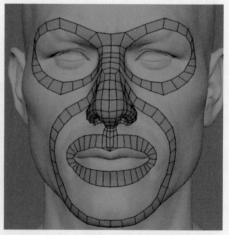

图11-19

（5）扩大脸部动态结构线。沿原有的动态结构线扩展到下颌、耳朵和头顶，如图11-20和图11-21所示。

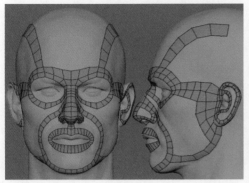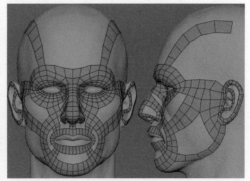

图11-20　　　　　　　　　　　　　　　　图11-21

（6）加线细化，按住"Ctrl"键将鼠标指针移动到线段中间，单击以添加循环线，细化拓扑如图11-22所示。最后完成拓扑，连接循环线填充，完善拓扑结构，如图11-23所示。

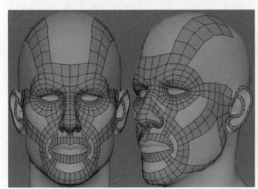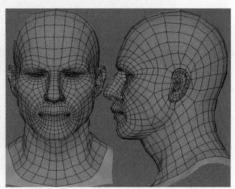

图11-22　　　　　　　　　　　　　　　　图11-23

（7）五官的结构细节如图11-24所示。最终完成拓扑后的模型有3000面，如图11-25所示。

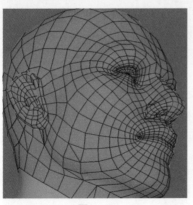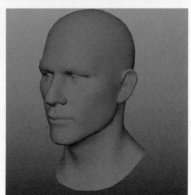

图11-24　　　　　　　　　　　图11-25

11.2.3　拆分UV

（1）打开"UV编辑器"窗口，选择物体，创建一个基于摄像机的UV，如图11-26所示。然后单击"UV工具包"窗口中的"剪切"按钮，把从耳朵上方到头顶的UV线剪开，把后脑到脖子的中轴UV线剪开，如图11-27所示。

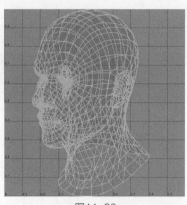

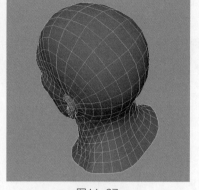

图11-26　　　　　　　　　　　　　图11-27

（2）单击"UV工具包"窗口中的"展开"按钮，把UV展开，如图11-28所示。单击数次"UV工具包"中的"优化"按钮，优化UV，最终形状如图11-29所示。UV拆分完成。

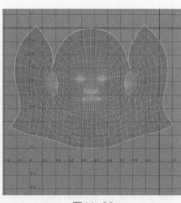

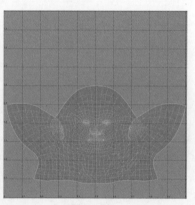

图11-28　　　　　　　　　　　　　图11-29

11.2.4　人物模型贴图绘制的素材准备

　　写实型的人物模型通常使用Substance Painter进行贴图绘制。Substance Painter是一款强大的3D纹理贴图软件，该软件提供了大量的画笔与材质，也有导入新素材的功能，用户可用以设计出符合要求的图形纹理。

　　（1）模型素材准备。Substance Painter不是模型制作软件，因此需要提前在其他软件中制作好模型。需要准备的模型有高模（模型精度较高，有一定细节）和低模（模型精度较低，只有模型的大形）两种，格式为OBJ。案例所用的高模和低模分别如图11-30和图11-31所示。

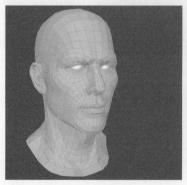

图11-30　　　　　　　　　　　　　图11-31

（2）贴图素材准备。头像绘制还涉及眼球贴图和皮肤肌理贴图，如软件自带素材不能满足要求，则也可以从线上资源网站寻找各种免费或收费的贴图素材。为了方便学习，本书配套资源提供根据本模型预先制作好的肌理贴图素材"001.png"和"002.png"，分别如图11-32和图11-33所示。读者在完成整个案例制作之后，也可以尝试自行绘制肌理贴图。

图11-32   图11-33

11.2.5 Substance Painter烘焙

先进行Substance Painter界面的学习，大致了解软件基础操作和各区域的基本功能，然后新建项目，导入模型低模，再利用高模进行烘焙。

（1）Substance Painter界面如图11-34所示。1是工具和插件工具栏；2是主菜单和当前工具栏；3是纹理集列表；4是停靠工具栏；5是图层堆叠和纹理集设置；6是资产面板；7是属性面板。软件左侧视图为模型的3D显示窗口（可切换显示材质、基础颜色、遮罩等），右侧视图为模型的2D显示窗口。视图操作和Maya基本一样：Alt+鼠标左键是旋转视图，Alt+鼠标中键是平移视图，Alt+鼠标右键是缩放视图，Shift+鼠标右键是移动光源方向。

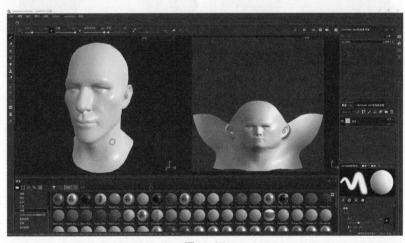

图11-34

（2）新建项目。在"新项目"对话框的"文件"处选择头像低模OBJ文件导入，将"文件分辨率"设为"4096"，"法线贴图格式"设为"OpenGL"，如图11-35所示。将低模导入后可进行烘焙贴图类型设置，在"纹理集设置"面板中单击"烘焙模型贴图"按钮，如图11-36所示。

（3）在打开的"烘焙"对话框中导入准备好的头像高模；将"Output Size"设为"4096"；把左侧烘焙模型贴图类型全勾选上，如图11-37所示。由于本案例要用到清晰度较高的曲率贴图，故还要设置曲率贴图的选项，进行调高采样细节的设置，如图11-38所示。最后单击右下角的"烘焙"按钮进行应用。（小贴士：烘焙好的贴图在"展架"面板的"项目"栏中，选择单张贴图并单击鼠标右键即可将其导出）

图11-35

图11-36

图11-37

图11-38

（4）烘焙结束后，纹理集自动贴入模型，使低模具有高模的细节。图11-39所示是原始低模；图11-40所示是将低模进行高模烘焙后的效果。

图11-39

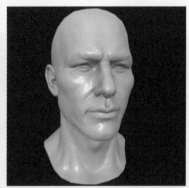

图11-40

（5）2D显示窗口中的效果也变得更有层次和细节。图11-41所示是低模时的效果，图11-42所示是进行高模烘焙后的效果。

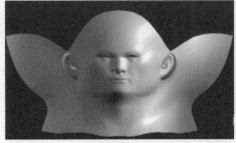

图11-41

图11-42

11.2.6 制作皮肤质感

在Substance Painter中绘制贴图时，一般都是加一个素材贴图后再用黑色遮罩进行修改。被黑色遮罩遮盖的部分不会应用任何效果；被灰色或者白色遮罩的部分会应用强度不等的效果。通过不同遮罩来控制效果的适用区域。

1. 添加通道和导入贴图素材

制作皮肤质感还需要用到Height（高度）材质通道和Scattering（次反射）材质通道，软件若没有默认显示这两个通道，则需手动加上。在"纹理集设置"面板中单击通道的"＋"按钮，在列表中选择"Scattering"选项即可，如图11-43所示，通道和图层的材质属性栏上会自动添加这一项。若想在视图中显示次反射效果，则还需在"显示设置"面板中勾选"激活次表面散射"选项，如图11-44所示。

图11-43　　　　　　　　　　　　　　　图11-44

打开"展架"面板的"项目"栏，之前烘焙的贴图都在其中。此时需要把准备好的素材"001.png"和"002.png"贴图文件也导进来。把要导进的素材文件拖到"项目"栏，在"导入资源"对话框中把框选部分改为"texture"，将"将你的资源导入到"改为"项目文件"，如图11-45所示。单击"导入"按钮，素材即导入"展架"面板的"项目"栏，如图11-46所示。

图11-45　　　　　　　　　　　　　　　图11-46

2. 制作皮肤高度肌理

在材质模式下观察，此时头像还是一个表层光滑的灰色模型，需先添加高低起伏的皮肤肌理。

（1）制作皮肤的随机肌理。在"图层"面板中添加一个填充图层，如图11-47所示。激活height（高度）属性，在height材质通道制作皮肤高度肌理。将"Height均一颜色"下方的滑块参数改为"0.6618"，如图11-48所示，这意味着height有一定的强度值。

图11-47　　　　　　　　　　　　　图11-48

（2）在"图层"面板中把左侧的通道改为"Height"，并为该图层添加白色遮罩，如图11-49所示。再选择黑色遮罩（显示蓝色外框为当前选择状态），新建一个"添加填充"的图层，将新填充图层百分比调为"3"，以降低高低起伏的强度，如图11-50所示。

图11-49　　　　　　　　　　　　图11-50

（3）单击填充图层的"grayscale均一颜色"栏，输入"grunge rock"字样进行搜索，选择应用弹出的岩石贴图；调整贴图"比例"为"6.4169"，"偏移"为"-0.4221"（若数值在调整时小数点后数字过多，则取到小数点后4位即可），如图11-51所示。原本光滑的模型出现了起伏肌理效果，如图11-52所示。

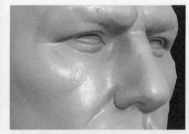

图11-51　　　　　　　　　　　　图11-52

（4）制作皮肤真实毛孔高度层次一。当前肌理仅是随机的凹凸效果，接下来还要添加真实皮肤毛孔的肌理。重复上面的步骤，新建一个填充图层，激活height（高度）属性，再为该图层添加一个黑色遮罩。激活黑色遮罩，在其下方添加一个填充图层，将"展架"面板"项目"栏中的素材"001"拖动到"grayscale均一颜色"栏上。此时模型叠加上了真实皮肤毛孔的凹凸效果，但起伏的强度过大，而且边缘有接缝，嘴缝也没有完全对应上。接着把该图层的强度调为"10"，把贴图的大小"比例"调为"0.9885"，U轴"偏移"调为"0.0013"左右，V轴偏移值为"0.0054"左右（以对准嘴缝和消除边缘接缝为准），如图11-53所示。

（5）制作皮肤真实毛孔高度层次二。重复上面的步骤，新建一个填充图层，激活height（高度）属性，再为该图层添加一个黑色遮罩。激活黑色遮罩，在其下方添加一个填充图层，将"展架"面板"项目"

栏中的素材"002"拖动到"grayscale均一颜色"栏上。把该图层的应用强度调为"10"，把贴图的大小"比例"调为"0.997"、"偏移"调为"0.002"左右，再添加一层毛孔高度效果来丰富细节层次。模型效果如图11-54所示。

可创建一个文件夹，将其命名为"皮肤高度集合"，把这3个皮肤高度制作层拖入其中，以便于日后整理。

图11-53　　　　　　　　　　　　图11-54

3. 制作皮肤暗部皱纹效果

当前模型只有毛孔肌理的基础起伏，整体效果显得比较扁平，还需添加法令纹、人中、眉头、嘴角、眼窝、耳郭等暗部皱纹效果。

（1）制作基础皮肤色。新建一个填充图层，激活color（颜色）属性，将"Base Color均一颜色"调为黄褐色，如图11-55所示，模型整体呈现黄褐色，如图11-56所示。

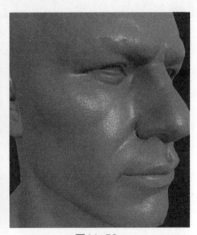

图11-55　　　　　　　　　　　　图11-56

（2）制作皮肤暗部皱纹层次一。新建一个填充图层，激活color（颜色）属性，将"Base Color均一颜色"调为比底色略深一点的黄褐色。添加一个黑色遮罩，在遮罩下方添加一个填充图层，导入"展架"面板"项目"栏中的曲率贴图"Curvature Map"。此时的材质模式视图和Base Color（基础颜色）模式视图效果分别如图11-57和图11-58所示。

（3）观察Base Color（基础颜色）模式视图，眼窝、眉头、法令纹、嘴角等本应深下去的暗部反而变白了，需要反转过来。给有曲率贴图的填充图层添加一个色阶图层，激活色阶图层的"反转"效果；再添加一个绘画图层，把人中部位画暗一点，降低强度（可切换为Mark模式视图观察和绘画），如图11-59所示，最终效果如图11-60所示。

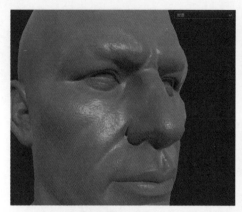

图11-57　　　　　　　　　　　　　图11-58

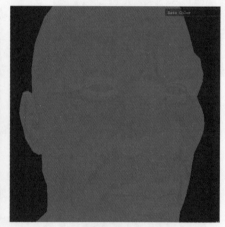

图11-59　　　　　　　　　　　　　图11-60

（4）制作皮肤暗部皱纹层次二。按照上面的制作方法，新建一个填充图层，激活color（颜色）属性，将"Base Color均一颜色"调为比暗部皱纹层次一更深一点的黄褐色。添加一个黑色遮罩，在遮罩下方添加一个填充图层，导入曲率贴图"Curvature Map"。添加色阶图层，激活"反转"效果，把中间颜色参数调为"2.824"，把最亮颜色参数调为"0.502"，增强对比效果。然后添加一个"Blur"模糊滤镜效果，强度参数为"0.8"；最后加一个绘画图层，压暗人中区域颜色，如图11-61所示，Base Color模式视图效果如图11-62所示。

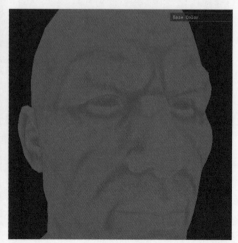

图11-61　　　　　　　　　　　　　图11-62

188

（5）制作皮肤暗部皱纹层次三。按照上面的制作方法，新建一个填充图层，激活color（颜色）属性，将"Base Color均一颜色"调为比暗部皱纹层次二更深一点的深褐色。添加一个黑色遮罩，在遮罩下方添加一个填充图层，导入曲率贴图"Curvature Map"。添加色阶图层，激活"反转"效果，把中间颜色参数调为"0.954"，把最亮颜色参数调为"0.349"，让纹理变细并增强对比。最后加一个绘画图层，压暗人中区域颜色。Base Color模式视图效果和材质模式视图效果分别如图11-63和图11-64所示。

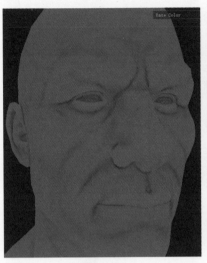
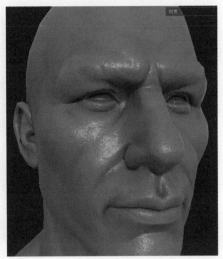

图11-63   图11-64

可以建一个名为"暗部皱纹集合"的文件夹，将相关制作步骤图层拖进去，用以整理文件。

4．制作皮肤亮部效果

鼻梁、嘴唇、下眼皮等突出部位受光多，属于亮部。

（1）制作皮肤基础亮部。新建一个填充图层，激活color（颜色）属性，将"Base Color均一颜色"调为比基础皮肤色更浅一点的黄褐色。添加一个黑色遮罩，在遮罩下方添加一个填充图层，导入曲率贴图"Curvature Map"。添加色阶图层，把中间颜色块参数调为"4.407"（小贴士：调色阶对比度前，是所有部位都亮；调色阶对比度后，让鼻梁、眉弓等高出部分亮起来，平凹部分不变）。最后添加一个"Blur"模糊滤镜效果，强度参数为"0.24"，让亮部边缘过渡更为平滑，如图11-65所示，Base Color模式视图如图11-66所示。

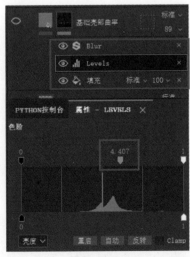
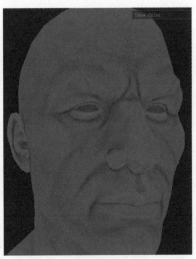

图11-65   图11-66

（2）制作皮肤高光亮部。新建一个填充图层，激活color（颜色）属性，将"Base Color均一颜色"调为比基础亮部更浅一点的黄色。添加一个黑色遮罩，在遮罩下方添加一个填充图层，导入曲率贴图"Curvature Map"。添加色阶图层，把中间颜色参数调为"7.25"，让更少的高出部分亮起来。最后添加一个绘画图层，在Mark模式视图下把下眼皮、嘴唇边缘和耳轮廓等高亮部位的颜色压暗，降低这些部位的亮度。Mark模式视图效果和材质模式视图效果分别如图11-67和图11-68所示。

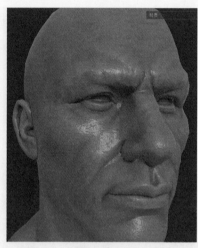

图11-67 图11-68

可以建一个名为"皮肤亮部集合"的文件夹，将相关制作步骤图层拖进去，用以整理文件。

5. 制作皮肤毛孔的基础颜色和粗糙效果

观察模型的Base Color模式视图，头像当前只有基础明暗关系，因此还需要添加皮肤特有的毛孔肌理。

（1）皮肤毛孔基础颜色和粗糙度制作一。新建一个浅黄褐色的填充图层，激活color（颜色）和rough（粗糙度）属性，将"Roughness均一颜色"设为"0.6"。（小贴士："Roughness均一颜色"值为0时，皮肤油光度最高；"Roughness均一颜色"值为1时，皮肤油光度全无）

加黑色遮罩，填充皮肤毛孔素材"002"贴图，贴图比例为"0.9885"，x轴偏移是"−0.0013"，y轴偏移是"0.0054"（调整是为了消除头顶接缝和对位嘴缝），如图11-69所示。再添加色阶图层，调整上方黑色块为"0.475"，中间色块为"0.23"，白色块为"1"。最后添加一个"Blur"模糊滤镜，参数为"0.07"，微微模糊一下毛孔边缘。整个层的应用强度为"62%"。

Base Color模式视图效果如图11-70所示。

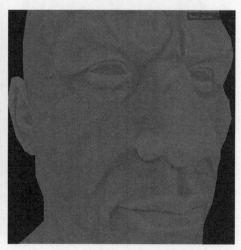

图11-69 图11-70

（2）皮肤毛孔基础颜色和粗糙度制作二。这个步骤主要是叠加浅颜色，强化毛孔的细节。新建一个更亮的浅黄褐色填充图层，激活color（颜色）和rough（粗糙度）属性，设置"Roughness均一颜色"参数为"0.78"。添加黑色遮罩，填充毛孔素材"001"贴图，贴图比例为"0.9885"，*x*轴偏移是"-0.0013"，*y*轴偏移是"0.0054"（调整是为了消除头顶接缝和对位嘴缝）。再添加色阶图层，调整上方黑色块为"0.481"，中间色块为"1"，白色块为"1"。整个层的应用强度为"52%"。材质模式视图的最终效果如图11-71和图11-72所示。

可以建一个名为"毛孔基础颜色和粗糙度"的文件夹，将相关制作步骤图层拖进去。

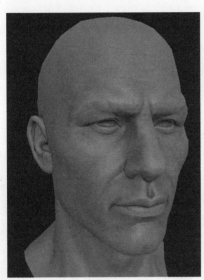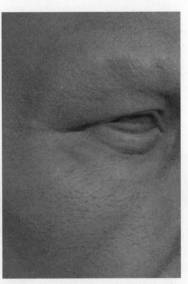

图11-71   图11-72

6. 添加皮肤中的红、绿、蓝杂点

此时模型的皮肤颜色还是单一的黄褐色，还需添加真实皮肤中的红、绿、蓝等颜色。

（1）添加皮肤中的红色杂点。新建一个红色填充图层，激活color（颜色）属性。添加黑色遮罩并选取，添加填充图层并赋予其"Bnw Spots2"贴图（一种噪点贴图）。当前整个贴图铺满了红色杂点，将有"Bnw Spots2"贴图的层应用强度调为"42%"，整体降低红色杂点的颜色。再添加一个绘画图层，切换为Mark模式视图，把鼻头、嘴唇、耳朵等部位画白，让这些部位的红色杂点更密集。将绘画图层的透明度调为"35%"，整体降低应用强度。Mark模式视图和Base Color模式视图效果分别如图11-73和图11-74所示。

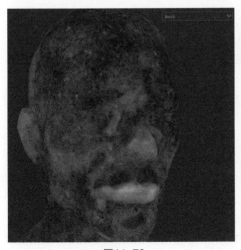

图11-73   图11-74

（2）添加皮肤中的绿色杂点。新建一个浅绿色填充图层，激活color（颜色）属性。加黑色遮罩并选取，添加填充图层并赋予其"Fractal Sum1"贴图。将该图层的应用强度调为"39%"，整体降低绿色杂点的颜色；同时把贴图的"Balance"调为"0.34"，"Contrast"调为"0.53"，让杂点更加稀疏及对比分明。观察杂点形状和分布位置，如有必要，也可以调整贴图的比例和偏移值。最后添加一个绘画图层，切换为Mark模式视图，把绿色杂点画得更稀疏一点。将绘画图层的应用强度调为"75%"，整个绿色图层的应用强度调为"49%"。

（3）添加皮肤中的灰蓝色杂点。灰蓝色杂点随机散布于头部皮肤各处，同时也相对集中在眉毛、下巴、胡须等部位。新建一个灰蓝色填充图层，激活color（颜色）属性。加黑色遮罩并选取，添加填充图层并赋予其"Fractal Sum2"贴图。把贴图坐标旋转350度，向下偏移"-0.095"，避免灰蓝色杂点和之前的绿色杂点重合。同时把贴图的"Balance"调为"0.38"，"Contrast"调为"0"，让杂点更加稀疏及对比分明。最后添加一个绘画图层，用Cement1笔刷把眉毛和胡茬位置画满。将有"Fractal Sum2"贴图的层应用强度调为"61%"，整个灰蓝色图层的应用强度调为"49%"，以降低灰蓝色杂点的颜色强度。添加红、绿、蓝3种杂点后的Base Color模式视图和材质模式视图效果分别如图11-75和图11-76所示。

可创建一个名为"红绿蓝杂点集合"的新文件夹，把相关制作步骤图层都拖进去。

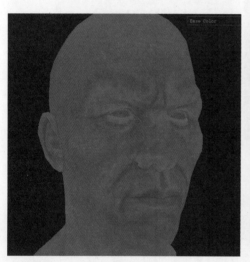

图11-75

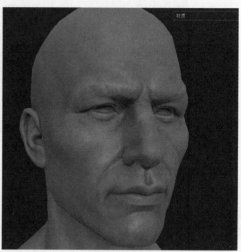

图11-76

11.2.7　绘制胡茬

胡茬可分为4个层次，分别是灰蓝底色层、底色大斑点层、大颗粒胡茬层、小颗粒胡茬层。

（1）灰蓝底色层制作。创建一个灰蓝色的填充图层，激活color（颜色）、rough（粗糙度）、height（高度）属性；将"Roughness均一颜色"设为"0.71"，"Heightness均一颜色"设为"-0.097"。为本图层添加黑色遮罩，遮罩下再加一个填充图层，导入"Bnw Spots3"贴图作为胡子的底色形状。把贴图的"比例"调为"35"，此时灰蓝色的杂点覆盖全图。

（2）创建一个文件夹，命名为"胡茬1_底色"；把刚才的灰蓝色图层拖进该文件夹。选择该文件夹，创建一个黑色遮罩。因为遮罩是黑色的，所以此时灰蓝色杂点图全透明了。

（3）在上一步的黑色遮罩下添加一个绘画图层，用Cement和Dirt笔刷绘制胡子底色，配合笔刷透明度把胡子的区域和浓疏关系画出来。绘制到的地方，灰蓝色杂点会显示出来。绘画时可随时切换Mark和Base Color模式视图进行观察。

（4）把绘画图层的应用强度调为"66%"。最后加一个"Blur"滤镜进行模糊处理，"模糊强度"参数可以调为"2.56"。Mark模式视图和Base Color模式视图分别如图11-77和图11-78所示。

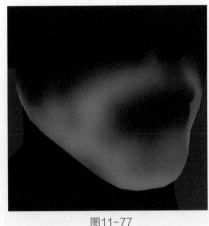
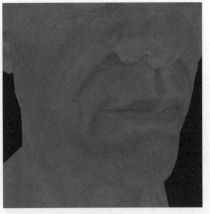

图11-77 图11-78

（5）底色大斑点层制作。选择"胡茬1_底色"文件夹，按"Ctrl+D"组合键复制一个包含内层资料的新文件夹，改名为"胡茬2_底色大斑点"。

把新文件夹中的灰蓝色图层颜色调得略微暗一点，激活color、rough属性，"Roughness均一颜色"设为"0.6"。在"Bnw Spots3"贴图遮罩层上添加一个色阶图层，将黑色块调为"0.637"，中间色块调为"1"，把杂点变为稀疏大斑点。

（6）大颗粒胡茬层制作。选择"胡茬2_底色大斑点"文件夹，按"Ctrl+D"组合键复制一个新文件夹，并改名为"胡茬3_大颗粒胡茬"。

把新文件夹中的深灰蓝色图层颜色改为黑色，激活color、rough属性，"Roughness均一颜色"设为0.7。把遮罩中原来的色阶图层删去；把"Bnw Spots3"贴图改为"Gaussian Sports1"贴图，贴图"比例"为"54.5"。此时杂点变为较密集的颗粒点，可再加一个"Contrast Luminosity"滤镜，参数调为"0.33"，让颗粒点更为稀疏。加了大颗粒后的效果如图11-79和图11-80所示。

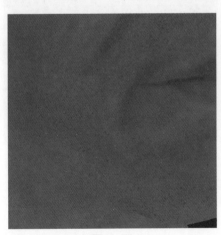
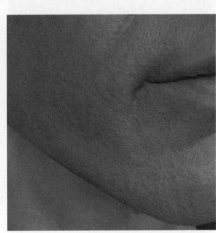

图11-79 图11-80

（7）小颗粒胡茬层制作。选择"胡茬3_大颗粒胡茬"文件夹，按"Ctrl+D"组合键复制一个新文件夹，改名为"胡茬4_小颗粒胡茬"。

激活黑色图层的color、rough、height属性；其中"Roughness均一颜色"参数为"0.887"，"Height均一颜色"参数为"-0.035"。遮罩中"gaussian sports1"贴图的"比例"为"128"，让颗粒变得更细小；"旋转"参数为"345"，错开之前的大颗粒位置。"Contrast Luminosity"滤镜层参数还是"0.33"，再加一个色阶图层，把中间色块调为"0.2"，让小颗粒胡茬颜色更显深。

此时，小颗粒胡茬排列比较整齐，需进一步调整。选择文件夹的"Blur"滤镜层，创建一个填充图层，导入"Bnw Spots2"贴图，"Balance"和"Contrast"参数都调为"0.41"，让颗粒排列变为随机；把该层的模式改为"叠加"，只应用在绘画图层中的胡子区域。如有部分地方过密，则可以在绘画图层中修改。加了小颗粒后的效果如图11-81和图11-82所示。

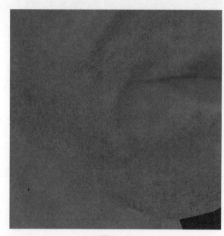
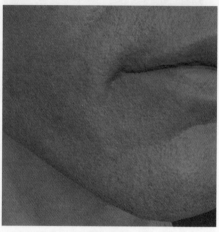

图11-81　　　　　　　　　　　　　　　　图11-82

胡茬制作完成。可创建一个名为"胡茬集合"的新文件夹，把前面4个胡茬制作过程中产生的文件都拖进去。"图层"面板界面和整体效果分别如图11-83和图11-84所示。

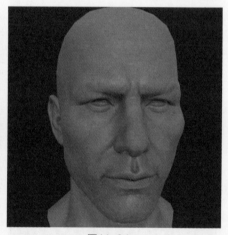

图11-83　　　　　　　　　　　　　　　　图11-84

11.2.8　绘制眉毛

眉毛可分为4个层次。第一层为黑灰色的底色层，第二层为浅黑灰色的毛发层，第三层和第四层为方向不一的深黑灰色毛发层，叠加在一起构建出眉毛的层次感。

（1）眉毛的底色层制作。新建一个黑灰色的填充图层，激活color和rough属性，设置"Roughness均一颜色"参数为"0.66"。添加黑色遮罩，在遮罩下方添加绘画图层，画出眉毛底色色块。再添加一个"Blur"（模糊）滤镜，强度为"1.2"，羽化色块边缘，眉毛底色制作完成。如果眉毛底色过深，则可以调整绘画图层的应用强度。效果如图11-85所示。

（2）眉毛的浅黑灰色毛发绘制。新建一个比底色颜色更深的浅黑灰色图层，激活color、rough属性，设置"Roughness均一颜色"参数为"0.57"。为本图层添加黑色遮罩，并添加绘画图层；用1像素、"透明度"为"50"的笔刷画浅色眉毛。注意眉毛起始端、中端和末端的方向各不相同（小贴士：可用镜子观察自己的眉毛）。效果如图11-86所示。

图11-85

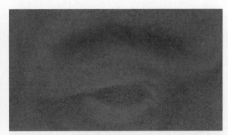

图11-86

（3）眉毛的深黑灰色毛发绘制一。新建一个深黑灰图层，激活color、rough属性，设置"Roughness均一颜色"参数为"0.3"。添加黑色遮罩并添加绘画图层，用1像素、"透明度"为"100"的笔刷画深色眉毛。效果如图11-87所示。

（4）眉毛的深黑灰色毛发绘制二。和上一步深黑灰色毛发的绘制方法基本一样，仅是"Roughness均一颜色"参数调为"0.46"。注意眉毛的位置和走向与前几层有所区分，形成交错重叠穿插的层次感。效果如图11-88所示。

创建一个名为"眉毛集合"的新文件夹，把相关制作过程中产生的文件都拖进去。

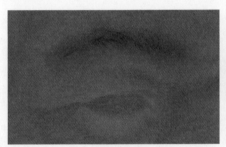

图11-87

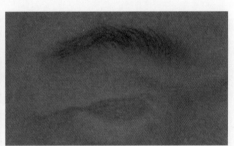

图11-88

11.2.9 绘制嘴唇

嘴唇分为3个层次，第一层为嘴唇底色。第二层为利用"001"贴图制作的嘴唇粗纹理，第三层为利用"002"贴图制作的嘴唇细纹理。

（1）嘴唇底色绘制。新建一个填充图层，颜色为嘴唇底色的褐红色，激活color属性。添加一个黑色遮罩层，遮罩层下面添加绘画图层，把嘴唇区域涂白，让颜色只应用于嘴唇部位。

（2）嘴唇粗纹理制作。新建一个比嘴唇底色颜色更深的图层，激活color、rough属性，设置"Roughness均一颜色"参数为"0"。添加一个黑色遮罩，遮罩下面添加填充图层导入"001"贴图；再添加一个色阶图层，中间色块为"6.676"，白色块为"0.521"，激活"反转"，如图11-89所示。此时"001"贴图的效果覆盖全图，需要进行区域限制。接着添加一个绘画图层，把嘴唇之外的区域全涂黑，让贴图效果只应用于嘴唇。嘴唇粗纹理层制作完成，效果如图11-90所示。

（3）嘴唇细纹理制作。新建一个比嘴唇粗纹理层颜色更深的图层，激活color、rough属性，设置"Roughness均一颜色"参数为"1"。添加一个黑色遮罩，遮罩下面添加填充图层，导入"002"贴图；再添加一个色阶图层，中间色块为"4.429"，白色块为"0.493"，激活"反转"。接着添加一个绘画图层，把嘴唇之外的区域全涂黑，让贴图效果只应用于嘴唇。嘴唇细纹理层制作完成。

嘴唇制作完成，可创建一个新文件夹并命名为"嘴唇集合"，把嘴唇制作过程中产生的文件都拖进去。Base Color（基础颜色）视图效果如图11-91所示，材质视图效果如图11-92所示。

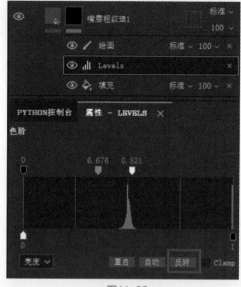

图11-89

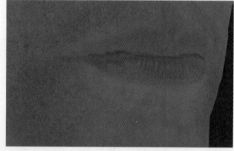

图11-90

图11-91

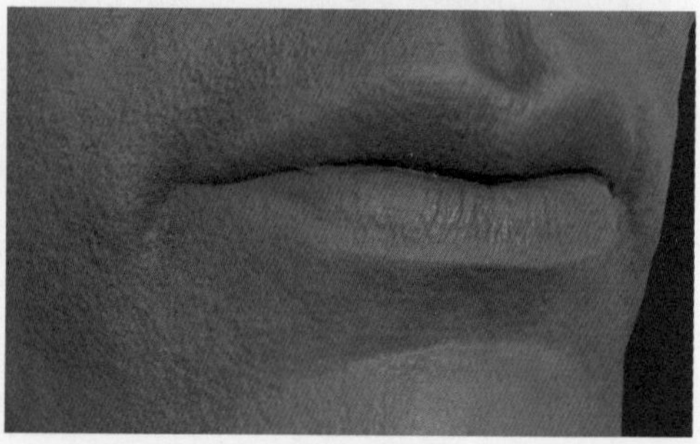

图11-92

11.2.10 制作皮肤透光度

经过前面的操作后，当前皮肤整体还缺乏透光性，尤其是五官暗部呈现黑色，显得死板，需增添scatt（次反射）效果，让皮肤有通透感。

（1）创建一个填充图层，激活scatt（次反射）属性；"scattering均一颜色"为"0.42"。此时所有部位的皮肤透光强度一致，要进行区域限制。为图层添加一个黑色遮罩，在遮罩层下添加填充图层，把"grayscale均一颜色"调为"0.25"；为整体皮肤加一层浅浅的次反射效果，如图11-93所示。

（2）增加一个绘画图层，把鼻子、眼眶、嘴唇、耳郭等部位涂白，暗部处可涂得更密实一点，让这些部分有更强烈的透光感。Mark模式视图效果如图11-94所示。

（3）添加一个"Blur"模糊滤镜层，参数为"3.6"，将刚才的绘画边缘进行羽化过渡。在绘图和添加滤镜时，可以切换到Mark模式视图进行观察（小贴士：可以在一开始就把color和scatt属性一起激活，方便观察绘图效果，画好后再取消color属性的激活）。图11-95所示是制作皮肤透光前的效果，图11-96所示是制作皮肤透光后的效果。

把本图层命名为"皮肤透光层"。

图11-93

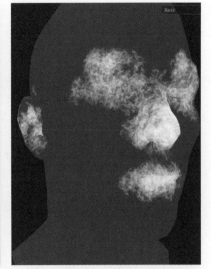

图11-94

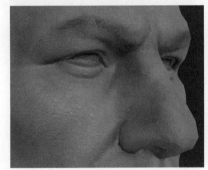

图11-95

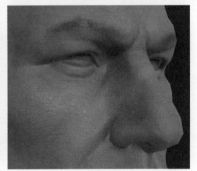

图11-96

11.2.11 调整材质

观察当前模型粗糙度（rough）是否合适，是否毫无光泽或者过度油光？可在前面制作的"皮肤毛孔基础颜色和粗糙度"图层中调整"rough"参数，调到0.63左右比较合适。图11-97所示为油脂过度的效果，图11-98所示为油脂适当的效果。

图11-97

图11-98

11.2.12 绘制眼球

眼球的模型可先在Maya中拆分UV，再根据UV进行贴图调整。眼球所需的贴图有color（颜色）贴图和normal（法线凹凸）贴图，可利用合适的网络素材进行编辑合成。

本书配套资源提供的素材是"yan color_3.tif"和"yan norma_3.bmp"，效果分别如图11-99和图11-100所示。按照之前导入素材"001.png"的方法，将眼球贴图素材全部导入Substance Painter中。

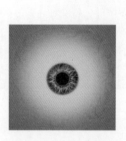

图11-99   图11-100

（1）眼球内层制作

眼球分为内外两层，内层为基本形态，外层为反射状态。

因为眼球有透明材质，所以眼球的着色器材质球和皮肤的不一样。单击"眼球内层"右侧的"着色器"按钮，如图11-101所示，打开"着色器设置"面板，把着色器材质设置为"pbr-metal-rough-with-alpha-blending"类型，如图11-102所示。

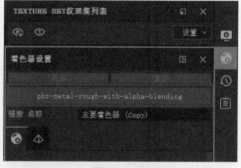

图11-101   图11-102

在着色器材质下创建一个填充图层，分别激活color（基础颜色）、rough（粗糙度）和normal（法线凹凸）属性。调整"Roughness均一颜色"值为"1"，将color通道拖入"yan color3"贴图，将normal通道拖入"yan normal"贴图，如图11-103所示。眼球内层效果制作完成，效果如图11-104所示。

（2）眼球外层制作

眼球外层的材质着色器设置和内层是一样的。单击"眼球外层"右侧的"着色器"按钮，打开"着色器设置"面板，把着色器材质设置为"pbr-metal-rough-with-alpha-blending"类型。

在着色器材质下创建一个填充图层，分别激活metal（金属反射）、rough（粗糙度）和opacity（透明度）属性。设置"metal"参数为"0.8454"，"rough"参数为"0"，"opacity"参数为"0.1159"。

眼球外层制作完成，效果如图11-105和图11-106所示。

图11-103

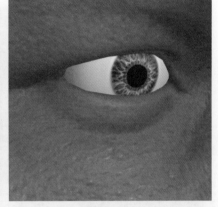

图11-104

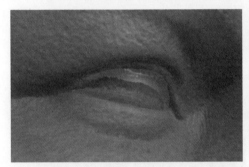

图11-105

图11-106

11.2.13 渲染模型和输出贴图

（1）用"Shift+鼠标右键"调整光源角度，进行观察和渲染；也可以用八猴渲染器进行渲染。模型渲染完成后的效果如图11-107和图11-108所示。

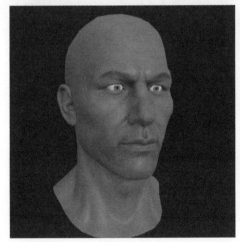

图11-107

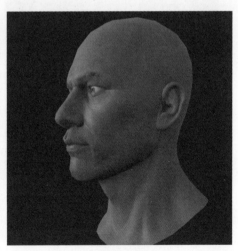

图11-108

（2）输出贴图。执行"文件>导出贴图"命令，可把制作好的所有贴图导出到指定文件夹，如图11-109所示。

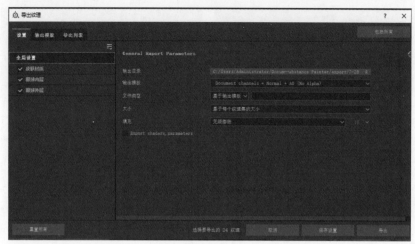

图11-109

11.3 课程作业参考

图11-110和图11-111所示为数字媒体艺术专业和数字媒体技术专业学生用PBR流程制作的模型。

图11-110

图11-111

11.4 思考与练习

（1）简述人物头像布线有何规律。

（2）手绘贴图制作的模型和用PBR流程制作的模型有何不同？

（3）利用学过的知识，用PBR流程制作一个模型。